矿山工人自救互救

本书编写组　编

煤炭工业出版社

·北　京·

图书在版编目（CIP）数据

矿山工人自救互救/《矿山工人自救互救》编写组编.
--北京：煤炭工业出版社，2018

ISBN 978 - 7 - 5020 - 6598 - 0

Ⅰ.①矿…　Ⅱ.①矿…　Ⅲ.①矿山救护—自救互救—
安全培训—教材　Ⅳ.①TD77

中国版本图书馆 CIP 数据核字（2018）第 075880 号

矿山工人自救互救

编　　者	本书编写组
责任编辑	唐小磊
责任校对	赵　盼
封面设计	罗针盘

出版发行　煤炭工业出版社（北京市朝阳区芍药居 35 号　100029）
电　　话　010 - 84657898（总编室）
　　　　　010 - 64018321（发行部）　010 - 84657880（读者服务部）
电子信箱　cciph612@ 126. com
网　　址　www. cciph. com. cn
印　　刷　北京市庆全新光印刷有限公司
经　　销　全国新华书店

开　　本　710mm×1000mm^1/$_{16}$　印张　5^1/$_2$　字数　90 千字
版　　次　2018 年 5 月第 1 版　2018 年 5 月第 1 次印刷
社内编号　20180449　　　　定价　18.00 元

编写人员名单

王明晓	张　斌	秦怀海	钟　明	卢建明
刘怀清	刘祥平	李树峰	张志强	王　军
白俊青	孙劲文	任印斌	朱戌明	杨大明
杨绍清	王小林			

前　　言

　　党中央、国务院历来高度重视安全生产工作，习近平总书记在党的十九大报告中指出："树立安全发展理念，弘扬生命至上、安全第一的思想，健全公共安全体系，完善安全生产责任制，坚决遏制重特大安全事故，提升防灾减灾救灾能力。"在各地区、各部门、各单位的共同努力下，近年来全国安全生产形势保持了持续稳定好转的发展态势，矿山事故死亡人数大幅减少。

　　为深入贯彻落实党的十九大精神和习近平新时代中国特色社会主义思想，切实提高矿山一线工人自救和互救能力，提高矿山事故救援成功率，特编写本书。

　　《矿山工人自救互救》是在总结我国矿山职工创伤急救规范化培训工作经验，广泛参考国内外相关矿山医疗急救资料基础上编写而成，确保了培训教材的先进性和实用性。

　　通过学习本教材，可使矿山一线工作人员熟悉矿山灾害预防知识，掌握各种灾害事故发生的预兆、性质、特点和避险方法，掌握抢救受伤人员的基本方法和最基本的现场急救操作技术，熟练使用自救器材，积极开展自救互救，提高遇险人员生存概率。本教材的出版对于促进我国矿山应急救援工作，最大程度地减少事故造成的损失和人员伤亡，提高矿山遇险人员自救互救能力具有重要意义。

编　者

二〇一八年三月

目　　　次

第一章　人体结构基本知识

【学习目的与要求】了解人体正常形态结构与功能。

学习人体各部位正常的形态结构，可理解和掌握各种创伤的特点，为矿山工人的创伤自救互救奠定基础。

第一节　概　　　述

一、人体的基本结构

人体表面是皮肤。皮肤下面有肌肉和骨骼。在头部和躯干部，由皮肤、肌肉和骨骼围成两个大的腔：颅腔和体腔。颅腔和脊柱里的椎管相通。颅腔内有脑，与椎管中的脊髓相连。体腔又由膈分为上下两个腔：上面的叫胸腔，内有心、肺等器官；下面的叫腹腔，腹腔的最下部又叫盆腔，腹腔内有胃、肠、肝、肾等器官，盆腔内有膀胱和直肠，女性还有卵巢、子宫等器官。

骨骼（图1－1）结构是人体构造的关键，在外形上决定着人体比例的长短、体形的大小以及各肢体的生长形状。人体约有206块骨，分为颅骨、躯干骨和四肢骨三大部分。它们分布在全身各部位，组成人体的支架，保护内部器官，同时由肌肉协助，进行各种活动。

人体所有的骨骼，从形状和大小上各不相同，有的较大，如股骨、肱骨等，有的则很小，如趾骨等。从形状上大致可分为5种：长骨、短骨、扁骨、不规则骨和含气骨。扁平状的骨起保护内脏器官的作用，比如颅骨保护大脑等；棒状骨负责人体运动，例如四肢的骨骼等。

脊椎骨由上而下是颈椎（7个）、胸椎（12个）、腰椎（5个）、骶骨（1个）、尾骨（1个）。

二、人体的系统结构

人作为高等动物，由多个细胞构成，其生长发育从受精卵开始，通过分裂和分化，形成组织、器官、系统，并由各系统有机组合而成有机体。

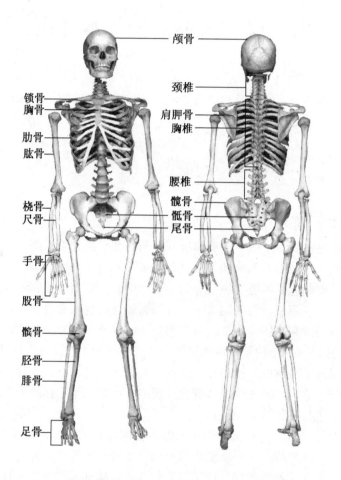

颅骨

颈椎

锁骨
胸骨

肩胛骨
胸椎

肋骨
肱骨

腰椎

桡骨
尺骨

髋骨
骶骨
尾骨

手骨

股骨

髌骨

胫骨

腓骨

足骨

(a) 前面观　　　　　(b) 后面观

图 1-1　人体骨骼

系统由能够共同完成一种或几种生理功能的多个器官按照一定的次序组合在一起构成。人体是由八大系统（表1-1）协调配合构成的。

表1-1 人体的系统结构

系 统	主 要 结 构	主 要 功 能
运动系统	骨、关节和骨骼肌	产生各种运动，骨起支撑作用
消化系统	消化管：口腔、食管、胃、小肠、大肠和肛门 消化腺：唾液腺、肝脏和胰	食物的消化和吸收
呼吸系统	鼻、咽、喉、气管、支气管和肺	通过呼吸使人体获得氧气、排出二氧化碳
循环系统	血液循环系统：心脏、血管（动脉、静脉和毛细血管）和血管中流动的血液	养分、氧气和代谢废物的运输
	淋巴系统：淋巴管、淋巴器官和淋巴	保护作用
泌尿系统	肾、输尿管、膀胱和尿道	分泌尿液，排泄废物
神经系统	中枢神经：脑（大脑、小脑和脑干）和脊髓 外周神经：脑神经和脊神经	感受内外刺激，对机体各部功能起调节作用
内分泌系统	下丘脑、垂体、甲状腺、甲状旁腺、性腺（睾丸、卵巢）、胰岛等多种内分泌腺	分泌激素，进行激素调节
生殖系统	男性：睾丸、附睾、输精管、副性腺、阴茎 女性：卵巢、输卵管、子宫和阴道	产生生殖细胞，繁殖后代

三、人体的血管和神经

人体的血管和神经如图1-2和图1-3所示。

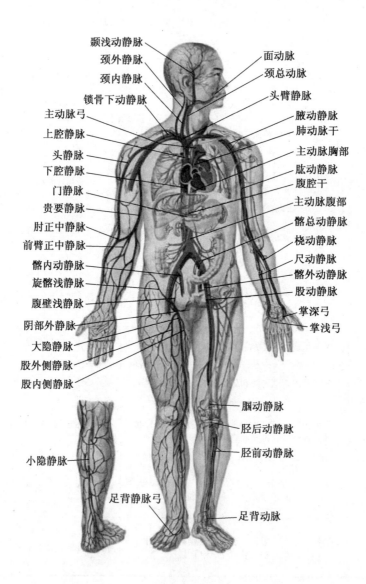

颞浅动静脉
颈外静脉
颈内静脉
锁骨下动静脉
主动脉弓
上腔静脉
头静脉
下腔静脉
门静脉
贵要静脉
肘正中静脉
前臂正中静脉
髂内动静脉
旋髂浅静脉
腹壁浅静脉
阴部外静脉
大隐静脉
股外侧静脉
股内侧静脉

面动脉
颈总动脉
头臂静脉
腋动静脉
肺动脉干
主动脉胸部
肱动静脉
腹腔干
主动脉腹部
髂总动静脉
桡动静脉
尺动静脉
髂外动静脉
股动静脉
掌深弓
掌浅弓

腘动静脉
胫后动静脉
胫前动静脉

小隐静脉
足背静脉弓
足背动脉

图 1-2　全身血管

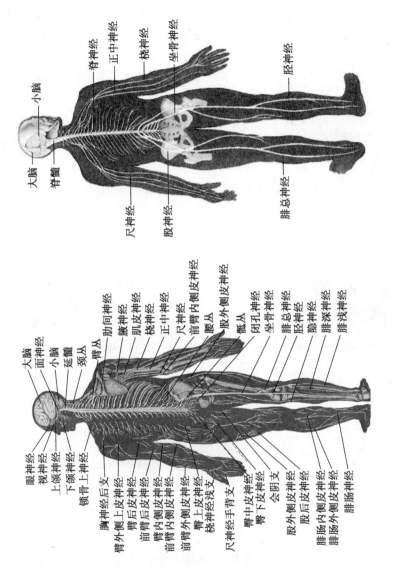

图1-3　全身神经

第二节　颅　　脑

　　颅脑由颅及脑两部分组成。颅包括颅骨及附着在外面的头皮、肌肉及血管神经等软组织。脑包括大脑、间脑、小脑、脑干。因此头部创伤可分为皮肤及软组织伤、颅骨骨折、脑伤三类。

　　头皮覆盖于颅骨之外，可分为皮层、皮下组织层、帽状腱膜层、腱膜下层和颅骨外膜等五层。

　　颅骨（图1-4）位于脊柱上方，由23块形状、大小不同的扁骨和不规则骨组成。除下颌骨与舌骨外，其余各骨借缝牢固连接，形成多个腔、洞保护脑，这些腔洞是感觉器官及神经血管的进出通路。

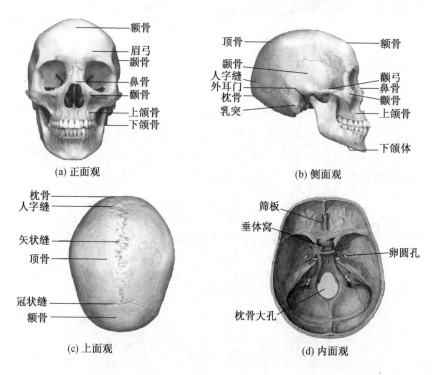

(a) 正面观

(b) 侧面观

(c) 上面观

(d) 内面观

图1-4　颅骨

　　脑位于颅腔内，外有颅骨保护。脑由大脑、间脑、小脑和脑干四部分组成（图1-5）。脑干又可分为延髓、脑桥、中脑三部分。脑组织协调体内各系统以维持正常生理机能，并对外界刺激进行适当的应答，为人体的指挥中枢。

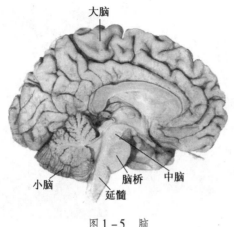

图 1-5　脑

第三节　胸　　部

胸部由脊柱、肋骨、胸骨共同围成，其内包藏人体两个重要的器官：心脏（图 1-6）和肺（图 1-7）。

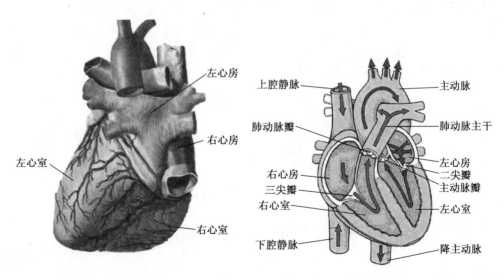

图 1-6　心脏

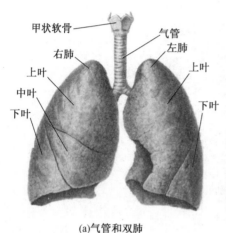

(a)气管和双肺　　　　　　　(b)气管内结构

图1-7　肺

　　胸部的骨性结构（图1-8）由12块胸椎、12对肋骨（左右对称）、1个胸骨和软骨连接而成。胸骨（图1-9）是位于胸前壁正中的扁骨，形似短剑，分柄、体、剑突三部分。胸骨下1/2处是胸外心脏按压部位。

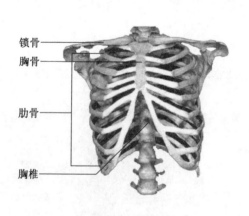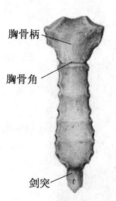

图1-8　胸廓　　　　　　　　　图1-9　胸骨

第四节　腹　　部

　　腹部位于胸腔与骨盆之间，人们常说的肚子基本上就是指这一位置，包括腹壁、腹膜腔和腹内脏器。腹部与胸腔有一层膈肌分开，膈肌是可以活动的，这层膈肌并不是完全封闭的，有小孔，消化系统中的食管就是通过这个小孔与胃相接的，从而保证了人体消化系统的通畅。这个小孔是一个非常精密的装置，连接处丝丝入扣，既能保证食管顺利通过，又不会打开腹腔与胸腔的方便之门。

　　腹部是人体器官"集装箱"，除了心脏与肺，人体其他的器官大多数集中于腹部。腹内脏器有腹膜包裹，因此腹内的各个器官也能各就各位不至于乱跑。

　　腹内脏器（图1－10）大致分为四类：血管、空腔脏器、实质脏器和生殖系统。

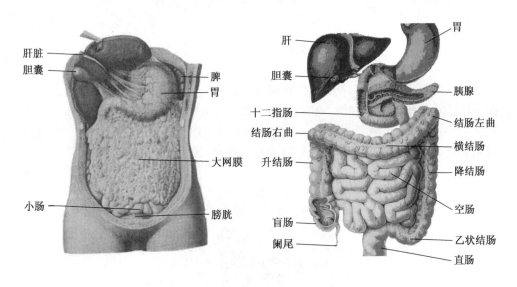

图1－10　腹内脏器

第五节　骨盆与会阴

　　骨盆是躯干和下肢间的桥梁，是人类在直立姿势时躯干和下肢之间主要的重力传导通道，并有保护盆腔内脏的功能。

骨盆由左、右髋骨和骶、尾骨以及其间的骨连接构成（图1－11）。

骨盆诸骨为松质骨构成，在盆腔内及耻骨后弓有许多血管和丰富的静脉丛，故当骨盆骨折时出血较多，危及生命。

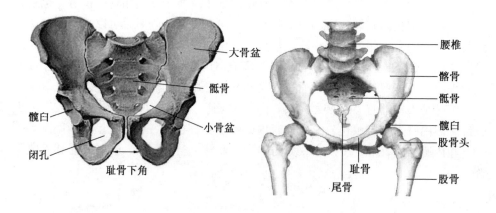

图1－11　骨盆

会阴部解剖如图1－12所示。会阴部包括肛门、肛管、直肠和外生殖器。直肠上接乙状结肠，下连肛管，长约12～15 cm；肛管上接直肠，下止于肛门缘，长2～3 cm；男性生殖器由阴囊、阴茎、睾丸、附睾、输精管、射精管、尿道以及附属腺体（精囊腺、前列腺和尿道球腺）组成。

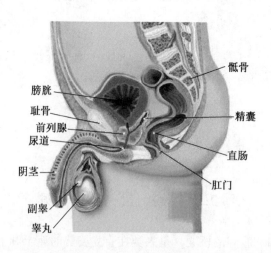

图1－12　会阴部解剖

第六节　上　　肢

上肢分为肩关节、上臂、肘关节、前臂、腕关节和手部（图 1 – 13）。

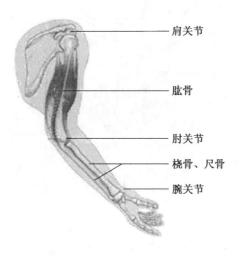

图 1 – 13　上肢结构

上肢骨组成：锁骨、肩胛骨、肱骨、桡骨、尺骨和手骨（图 1 – 14）。

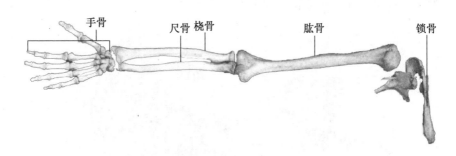

图 1 – 14　上肢骨

尺骨与桡骨都位于前臂，尺骨位于前臂的内侧，桡骨位于前臂的外侧，尺骨与桡骨之间有血管通过，因此手部外伤出血不可在此处压迫或用止血带止血，可选在上臂止血。手骨共包括 8 块腕骨、5 块掌骨、14 节指骨（图 1 – 15）。

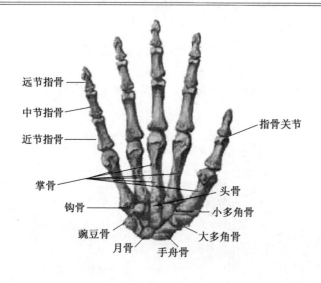

远节指骨
中节指骨
近节指骨
指骨关节
掌骨
头骨
钩骨
小多角骨
豌豆骨
大多角骨
月骨　手舟骨

图 1-15　手骨

第七节　下　　　肢

　　下肢包括髋关节（图 1-16）、大腿、膝关节（图 1-17）、小腿、踝关节和足。下肢骨包括股骨、髌骨、胫骨、腓骨、跗骨、跖骨和趾骨（图 1-18）。其中跗骨、跖骨和趾骨合称足骨（图 1-19）。

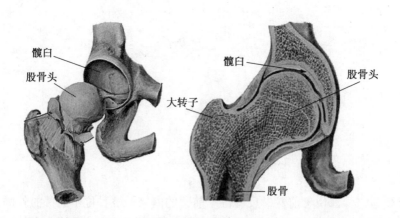

髋臼
股骨头
髋臼
股骨头
大转子
股骨

图 1-16　髋关节

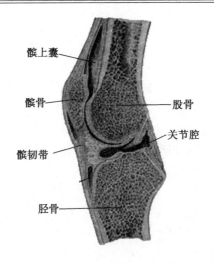

图 1-17　膝关节

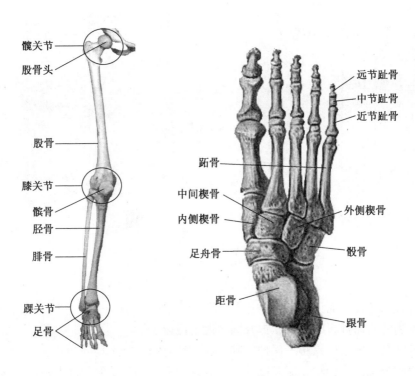

图 1-18　下肢骨　　　　　　图 1-19　足骨上面观

第八节 脊 柱

脊柱是人体的中轴骨骼，是身体的支柱，位于背部正中，上端接颅骨，下端达尾骨尖。人类脊柱由 24 块椎骨（颈椎 7 块，胸椎 12 块，腰椎 5 块）、1 块骶骨和 1 块尾骨通过韧带、关节及椎间盘连接而成（图 1－20）。这样众多的脊椎骨，由于周围有坚强的韧带相连，能维持相当稳定，又因彼此之间有椎骨间关节相连，具有相当程度的活动，每个椎骨的活动范围虽然很小，但如全部一起活动，范围就扩大很多。

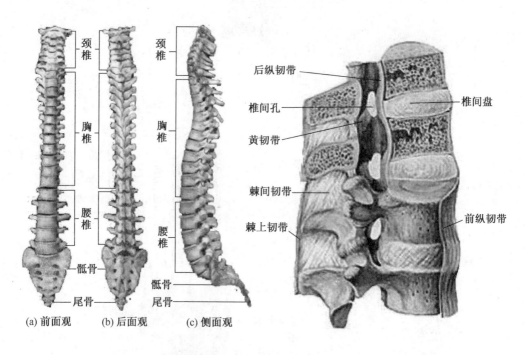

图 1－20　脊柱及韧带连接

脊柱内部自上而下形成一条纵行的管道，内有脊髓（图 1－21），其周围骨性结构因外伤而骨折时，可压迫脊髓而发生截瘫。

脊柱具有负重、减震、保护内脏、保护脊髓和进行运动的功能。

脊柱分颈、胸、腰、骶及尾五段。身体的重量和所受的震荡即由此传达至下肢。脊柱的负荷为某段以上的体重、肌肉张力和外在负重的总和。不同部位的脊

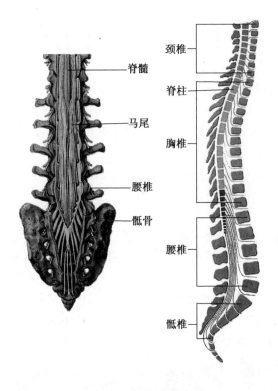

图 1 -21　脊髓

柱节段承担着不同的负荷。颈部脊柱，为了支持头颅的重量，需要有强大的支持力；同时为了适应视觉、听觉和嗅觉的刺激反应，需要有较高的灵活性。腰部脊柱处于脊柱的最低位，负荷相当大，又是活动段与固定段的交界处，因而损伤机会多，成为腰背痛最常发生的部位。

思 考 题

1. 人体的系统、结构及主要功能是什么？
2. 颅脑是由哪两部分组成的？
3. 胸部由什么共同围成？内藏有什么器官？
4. 腹内有什么脏器？
5. 骨盆由哪些连接构成？

第二章　心肺复苏术

【学习目的与要求】了解引起心跳、呼吸骤停的常见原因；掌握胸外心脏按压、开放气道和人工呼吸的技术。

第一节　心肺复苏的概念

在人的身体中，心、肺是维持生命的重要器官，其中任何一个发生故障，都会导致死亡。心脏是血液循环的发动机，它时刻不停地跳动着，维持全身的血液循环。一旦心脏停跳，人的生命将很快终止。肺是人体摄入氧气、排出二氧化碳的器官。由于人体对氧的储备能力极其有限，只够人体使用数分钟（不过也有极个别人能够憋气达 10 min），因此呼吸也是人体生命活动中不能停止的运动（图 2 - 1）。

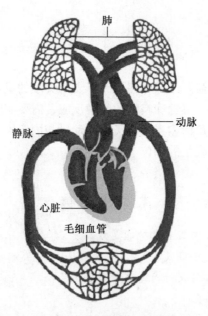

图 2 - 1　心脏和肺的作用

由于外伤、疾病、高温、低温、中毒、淹溺、电击等意外原因，人有可能发生心跳、呼吸骤停，一旦发生则人的生命时钟将很快停止。此时如能立即对伤员进行心肺复苏（CPR）——采取胸外心脏按压形成暂时的人工循环，采用人工呼吸代替自主呼吸的急救方法，则可能使伤员重新恢复心跳和自主呼吸。如果伤员能及时供氧，过度通气，头部降温并降低颅内压，可保护大脑不受损害或减少脑组织受损的范围和程度。

心肺复苏必须及时，越早越好，4～6 min 以后效果差，10 min 以后则很难成功。

第二节　心肺复苏基本技术

一、胸外心脏按压的方法

1. 伤员体位

伤员应仰卧于平地或硬板床上，即复苏体位（图 2-2）。

图 2-2　复苏体位

2. 急救人员姿势

根据现场具体情况，选择位于伤员一侧，将两腿自然分开与肩同宽跪贴于（或立于）伤员的肩、胸部，保证按压时力量垂直于胸骨。

3. 确定按压部位

按压部位一般在胸骨下 1/3 处（切记剑突上两横指处定位）。

（1）抢救者用朝着伤员脚侧的一只手的食指、中指沿其肋弓向中间滑移，至两侧肋弓交会处，中指定位于此处，食指上方的胸骨正中部即为按压区，另一只手的掌根部紧贴食指上方，放在按压区（图 2 – 3a），再将定位的手掌根重叠放于另一只手的手背上，两手手指相扣并抬起，手指脱离胸壁。

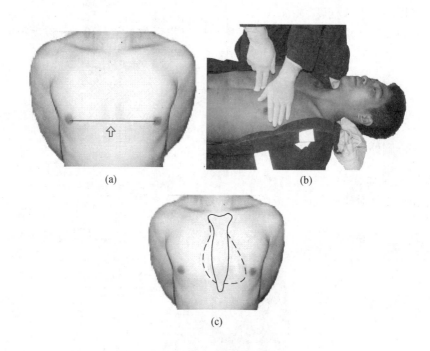

图 2 – 3　心脏按压部位

（2）男性伤员也可采用两侧乳头连线与胸骨正中部交会处作为按压区（图 2 – 3b、图 2 – 3c），急救者将一只手的掌根部放在两个乳头中间的胸骨下端，另一只手的手掌的根部放在前一只手的手背上，使两手平行重叠进行按压。

4. 按压方法

急救者双臂应绷直，双肩在伤员胸骨上方正中，肩手垂直向下用力按压（图 2 – 4）。注意以手掌根着力，两手掌根重叠，手指翘起（图 2 – 5）。

5. 按压深度

按压深度 5 ~ 6 cm。

6. 按压频率

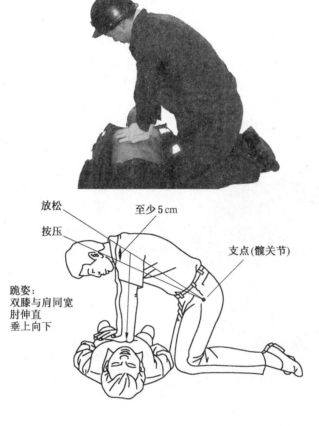

放松

至少5 cm

按压

支点(髋关节)

跪姿:
双膝与肩同宽
肘伸直
垂上向下

图2-4 胸外心脏按压标准姿势

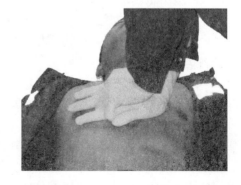

图2-5 按压时手的姿势

按压频率 100 ~ 120 次/min。

7. 按压时注意事项

（1）按压应有规律，按压与放松的时间应相等。

（2）按压的位置准确，垂直用力向下，不能冲击式地猛压。

（3）放松时定位的手掌根部不要离开胸骨定位点，但应尽量放松，使胸骨不承受任何压力。

（4）按压不能随意中断。

8. 胸外按压常见的错误

（1）按压时手指压在胸壁上。

（2）按压定位不正确。

（3）按压时肩、手未垂直于胸骨，肘部弯曲，导致用力方向错误，如图2-6所示。

（4）冲击式按压、猛压；按压过程中按压部位逐渐移位；放松时未能使胸部充分松弛。

（5）按压速度不自主地加快或减慢，无规律，影响了按压效果。

（6）两手掌不是重叠放置，而呈交叉放置。

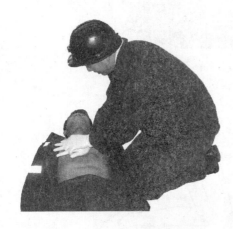

图2-6　错误操作

二、开放气道的方法

伤员呼吸道阻塞最常见的原因是舌肌松弛后坠堵塞呼吸道入口处，其次为上呼吸道异物如牙齿、血液、呕吐物、煤块、金属物等堵塞。打开气道以畅通呼吸道，是进行人工呼吸的首要步骤。方法如下：

1. 仰头举颏法

取仰卧位，解开衣领及腰带，清理口、鼻腔异物。将一只手下压前额使头部后仰，另一只手将下巴向前抬起，即可使气道开放（图2-7）。

2. 双手托颌法

用双手从两侧扶紧双下颌向上推举并托住，使下颌骨保持前移状态，不需使头后仰即可打开气道（图2-8）。颈部损伤者不能将其头部后仰及左右转动，只能采用此法开放气道，以避免加重脊髓损伤。

三、口对口人工呼吸

口对口人工呼吸（图2－9）是在保持呼吸道畅通和口张开的条件下进行的。

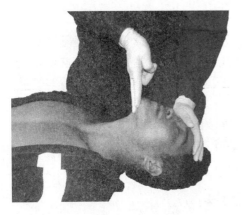

图2－7　仰头举颏法

图2－8　双手托颌法

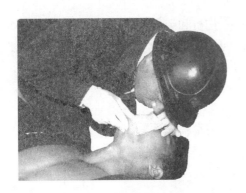

图2－9　口对口人工呼吸

1. 操作方法

（1）一手捏闭伤员鼻孔防止漏气，另一手抬起下巴使头后仰、口张开。

（2）急救者吹气前，先正常吸一口气，张嘴把伤员的口完全包住。

（3）向伤员口内吹气，此时可见胸部向上抬起。

（4）每次吹气结束，应放开伤员口部，同时放松捏鼻的手，可见胸部向下塌陷，有气流从口鼻排出。

（5）呼气完毕，即开始下一次吹气。

2. 注意事项

（1）口对口呼吸时可先垫上一层纱布作为隔离。

（2）每次吹气的时间大于 1 s。

（3）每次吹入气量为 500～600 mL，可见到胸廓起伏，避免过度通气。

（4）第一次人工呼吸未使胸廓起伏，应再次开放气道或清除口腔异物，给予第二次吹气，无论胸廓起伏与否，应立即开始胸外心脏按压。

（5）吹气时暂停按压胸部。

（6）单、双人心肺复苏，按压与人工呼吸的比值均为 30∶2，即 30 次按压给予 2 次人工呼吸。一般做 5 个循环后，再次判断颈动脉搏动及呼吸。

（7）有脉搏无呼吸者，每 5 s 吹气一口（10～12 次/min）。

第三节　现场心肺复苏的实施

一、估计现场安全

首先观察周围环境，以确保急救人员、伤员和旁观者的安全。如果所处环境危险，必须先转移至安全地带。对伤情不明的伤员移动时须谨慎，避免造成二次伤害。

二、自身隔离防护

在接触伤员以前，穿戴合适的个人防护用具，如手套、纱布等。

三、心跳呼吸骤停的判断

心跳呼吸骤停的判断过程应在 10 s 内完成。

1. 判断意识

可轻拍伤者，并大声呼叫："您怎么了？"（如能对话则不需要心肺复苏，无反应则大声呼救）。

2. 判断呼吸

直接快速判断伤员是正常呼吸、喘息还是无呼吸。如伤员没有呼吸或只有喘息，立即进行心肺复苏；如呼吸正常则心跳存在，不需再行判断。

3. 判断心跳

颈动脉位置靠近心脏，容易反映心跳的情况，且颈部暴露，便于迅速触摸。可用食指及中指指尖先触及气管正中部位，男性可先触及喉结，然后向旁滑 2~3 cm，在气管旁软组织深处稍用力触摸颈动脉搏动（图 2-10）。

在矿工培训时不建议一定要通过颈动脉搏动消失来确认心跳停止，只要无意识，再加上无呼吸或只有喘息，立即进行心肺复苏。因为根据研究，即使是急救医务人员在现场判断颈动脉搏动的准确程度也常不令人满意。

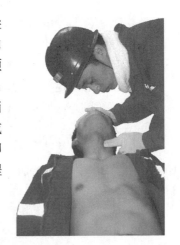

图 2-10 触摸颈动脉搏动

四、拨打急救电话

判断完成后立即进入下一步，让助手拨打急救电话，启动应急系统，同时进行心肺复苏。

呼救系统的畅通，在国际上被列为抢救危重伤员的"生命链"中的"第一环"。有效的呼救系统，对保障危重伤员获得及时救治至关重要。

呼救电话须知：

（1）报告人的电话号码与姓名，伤员姓名、性别、年龄和联系电话。

（2）伤员所在的准确地点。

（3）伤员目前最危重的情况，如昏倒、呼吸困难、大出血等。

（4）突发事件时，说明伤害性质、受伤人数。

（5）现场所采取的救护措施。

（6）不要先放下话筒，要等调度人员明确回复后挂断电话。

五、现场心肺复苏的步骤

1. 标准步骤

（1）估计现场安全。

（2）判断伤员意识、呼吸、心跳。

（3）拨打急救电话，启动应急系统。

（4）进行胸外心脏按压 30 次。

（5）打开气道，人工呼吸 2 次（每次吹气时间为 1 s）。

（6）然后以 30∶2 反复进行按压吹气，隔 2 min 检查一次呼吸、脉搏。

2. 简化步骤

该步骤适合未经培训的人员进行现场心肺复苏。

（1）估计现场安全。

（2）判断伤员意识、呼吸、心跳。

（3）拨打急救电话，启动应急系统。

（4）持续胸外心脏按压，隔 2 min 检查一次呼吸、脉搏。

3. 注意事项

（1）如现场有多人，其中应有一人协调各方面行动，分工明确，充分发挥团队作用。如一人进行心脏按压，一人同时拨打急救电话，另一人则打开气道进行吹气。

（2）隔 2 min 应换人按压，以避免疲劳，影响按压效果。

（3）不管是单人操作还是团队操作，胸外心脏按压间断时间不得超过 10 s。

第四节 生 命 链

2010 年心肺复苏国际指南将"生命链"由原来的 4 个环节延伸为 5 个环节（图 2 – 11）。

启动应急　　早期按压　　快速除颤　　高级支持　　后续治疗

图 2 – 11 生命链

（1）迅速识别心脏骤停，并启动急救反应系统。

（2）早期心肺复苏，强调胸部按压。

（3）快速除颤。

（4）有效的高级心血管生命支持。

（5）全面的心脏骤停复苏后期救治。

第五节　现场心肺复苏的终止

一、判断心肺复苏效果的指标

（1）瞳孔。若瞳孔由大变小，复苏有效；若瞳孔由小变大，说明复苏无效。

（2）面色。若面色由青紫转为红润，复苏有效；若面色变为灰白色或陶土色，则说明复苏无效。

（3）颈动脉搏动。按压有效时，每次按压可摸到1次搏动；如停止按压，脉搏仍跳动，说明心跳恢复；若停止按压，搏动消失，应继续进行胸外心脏按压。

（4）意识。伤者出现眼球活动、手脚活动或发出声音，复苏有效。

（5）自主呼吸。出现自主呼吸，复苏有效。

二、停止心肺复苏的条件

（1）伤员心跳呼吸恢复。

（2）有专职急救人员接替。

（3）现场环境对急救人员安全产生了威胁的情况下应终止抢救，立即撤出。

三、复苏成功后的体位

初期复苏成功后应迅速送往医院进行高级生命支持，运送途中一定要采取恢复体位，防止胃内容物返流误吸和气道梗阻（图2-12）。

图2-12　恢复体位

四、死亡的宣布

何时终止心肺复苏是一个涉及医疗、社会、道德等方面的问题。不论何种情况下，终止心肺复苏的决定权应在医生或由医生组成的抢救组的首席医生手中。现在国际上的规定是，包括高级生命支持在内的有效连续抢救超过 30 min 以上，伤员仍然未出现呼吸心跳，则可以停止复苏。如果伤员身体状况较好，呼吸心跳骤停的原因属于意外事故如触电、溺水，尤其是溺入冰水中，则可适当延长心肺复苏时间。

思　考　题

1. 现场心肺复苏为什么要越早越好？
2. 对心跳呼吸骤停者，如何进行简化和标准步骤的判断？
3. 在现场如何实施心肺复苏技术？
4. 如何判断心肺复苏的效果？

第三章　常用应急技术

【学习目的与要求】了解大出血是伤后早期致死的原因，掌握各种止血方法的技术；了解伤口包扎的作用，掌握各种包扎方法的技术；了解骨折固定的作用，掌握各种固定方法；熟悉伤员的搬运原则，掌握各种搬运技术。

第一节　止　　血

正常人的血液总量约占自身体重的8%，体重为60 kg的人血液总量约为4.8 kg，即约4800 mL。创伤伤员大多伴有出血，较大的血管特别是动脉血管的损伤，出血更为凶险，如不及时抢救，可危及生命；急性大出血是人体受伤后早期致死的主要原因，因此止血是现场急救中的重要措施之一。

出血的血管种类有：动脉出血——血色鲜红，出血速度快，呈喷射状，如出血量多，时间长，可危及生命；静脉出血——血色暗红，出血速度慢，如为较大静脉破裂，持续时间长，也会危及生命；毛细血管出血——血色鲜红，呈片状渗出，一般多可自行停止，不危及生命。

出血分内出血与外出血两种，内出血在现场难以判断，外出血伤员是现场止血的主要对象，下面介绍几种简便易行的止血方法。止血部位参考全身血管分布图（图1-2）。

一、指压止血法

用手指压迫在出血部位靠近心脏端的动脉血管上，使血流中断而达到止血的目的。优点是快速、有效；缺点是不宜持久。如果四肢出血，尽可能抬高伤肢。

技术要点：必须摸到动脉的搏动才能保证压迫正确。

1. 颞浅动脉

颞浅动脉指压止血主要控制头部发际范围内及前额、颞部出血，在耳前附近摸到动脉搏动予以压迫阻断血流（图3-1）。

2. 面动脉

面动脉指压止血主要控制颌部及面部的出血，在下颌角附近摸到动脉搏动予

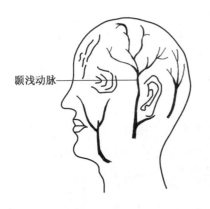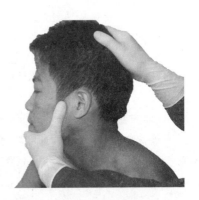

颞浅动脉

图 3 - 1　颞浅动脉指压止血法

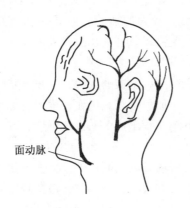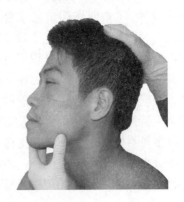

面动脉

图 3 - 2　面动脉指压止血法

以压迫阻断血流（图 3 - 2）。

3. 枕动脉、耳后动脉

枕动脉、耳后动脉指压止血主要控制头后部位出血，在耳后、枕部附近摸到动脉搏动予以压迫阻断血流（图 3 - 3）。

4. 颈总动脉

颈总动脉指压止血主要控制头、颈、面部大出血，且压迫其他部位无效时，在伤侧颈部摸到动脉搏动予以压迫阻断血流（图 3 - 4）。不要同时压迫两侧颈动脉，否则会导致严重后果。

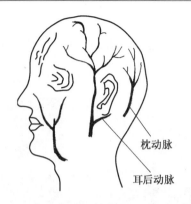

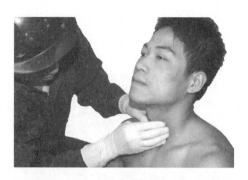

图3-3　枕动脉、耳后动脉指压止血法　　　图3-4　颈总动脉指压止血法

5. 锁骨下动脉

锁骨下动脉指压止血主要控制肩部、腋窝或上肢出血，在锁骨上窝摸到动脉搏动予以压迫阻断血流（图3-5）。

图3-5　锁骨下动脉指压止血法

6. 腋动脉

腋动脉指压止血可以控制上肢出血，在腋窝摸到动脉搏动予以压迫阻断血流（图3-6）。

7. 肱动脉

肱动脉指压止血主要控制手、前臂及上臂中或远端出血，在上臂内侧摸到动脉搏动予以压迫阻断血流（图3-7）。

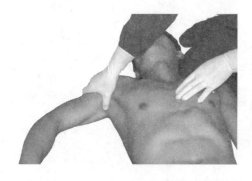

图3-6　腋动脉指压止血法　　　　　图3-7　肱动脉指压止血法

8. 尺、桡动脉

尺、桡动脉指压止血主要控制手部出血，在腕部两侧摸到动脉搏动予以压迫阻断血流（图3-8）。

9. 股动脉

股动脉指压止血主要控制大腿、小腿或足部的出血，在大腿根部摸到动脉搏动予以压迫阻断血流（图3-9）。

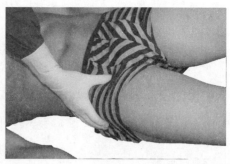

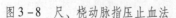

图3-8　尺、桡动脉指压止血法　　　　图3-9　股动脉指压止血法

10. 腘动脉

腘动脉指压止血主要控制小腿或足部出血，在腘窝摸到动脉搏动予以压迫阻断血流（图3－10）。

11. 指动脉

指动脉指压止血可控制手指出血，在指根施压阻断出血（图3－11）。

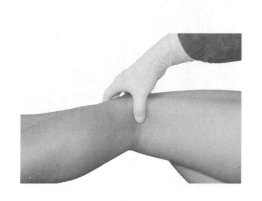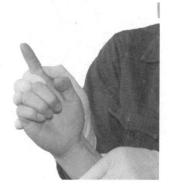

图3－10　腘动脉指压止血法　　　图3－11　指动脉指压止血法

二、加压包扎止血法

先用无菌敷料或清洁的纱布、棉花、毛巾、衣服等覆盖伤口，再以绷带、三角巾或绳索等加压包扎，可以减小出血（图3－12）。注意覆盖物应足够厚。

图3－12　加压包扎止血法

三、加垫屈肢止血法

腋窝、肘窝或腘窝出血时，如果没有骨关节损伤，可以采用大小适宜的垫子放在关节处，然后屈曲关节用绷带扎紧，可以有效止血（图 3 – 13）。

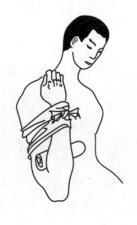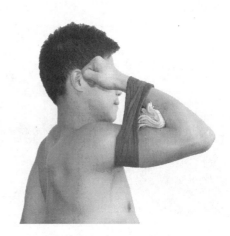

图 3 – 13　加垫屈肢止血法

四、填塞止血法

用无菌棉垫、纱布等紧紧填塞在伤口内，再用绷带、三角巾等加压包扎。此法适用于创口较深、出血迅猛、无法采用指压止血或止血带止血的部位出血。

五、止血带止血法

止血带止血法用于其他止血方法无效的四肢大出血。

1. 常用的三种止血带使用方法

（1）卡扣式止血带。对受压迫的肢体损伤较小，容易控制，操作方便（图 3 – 14）。

（2）橡皮止血带。在准备结扎止血带的部位加好衬垫，以左手拇指、食指和中指拿好橡皮管止血带的一端，另一手拉紧止血带围绕肢体缠绕一周，压住止血带的一端，然后再缠绕第二周，并将止血带末端用左手食、中指夹紧，向下拉出固定即可。还可将止血带的末端插入结中，拉紧止血带的另一端，使之更加牢固（图 3 – 15）。

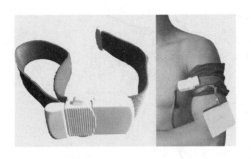

图 3 – 14　卡扣式止血带

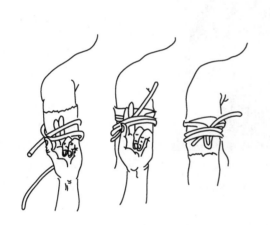

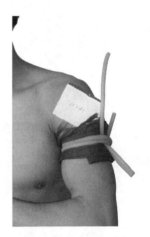

图 3 – 15　橡皮止血带

（3）绞紧止血法。是替代橡皮止血带的一种应急方法，可使用三角巾、绷带、领带、布条等，折叠成条带状当作止血带使用。在准备结扎止血带的部位加好衬垫后，用其缠绕一圈，然后打一活结，再将一短棒、筷子等一头插入活结部位止血带与肢体之间，并旋转绞紧至停止出血，再将其另一端插入活结套内，将活结拉紧即可（图 3 – 16）。

2. 止血带止血的注意事项

（1）不轻易使用止血带。在抢救期间因为止血带使用不当或忘记放松止血带导致远端肢体缺血坏死的惨痛教训时有发生。

（2）要有衬垫。所有止血带不可直接扎在皮肤上，应先用三角巾、毛巾等

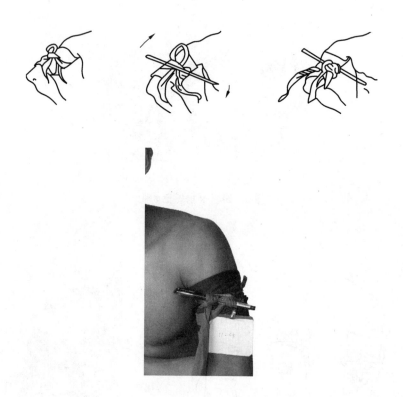

图 3 - 16　绞紧止血法

做成平整的衬垫缠绕在要结扎止血带的部位，然后再上止血带。

（3）结扎部位不能错。上肢在上臂的上 1/3 处；下肢在大腿上段。止血带扎在上臂中 1/3 处以下时可能会损伤神经；扎在前臂或小腿则不能达到止血目的。

（4）结扎松紧适度。过紧可能损伤健康组织，过松达不到止血目的。

（5）时间警惕性。应在明显部位注明结扎止血带的时间，连续止血 1 h 必须放松 5 min，以暂时恢复远端肢体血液供应。放松期间压迫伤口以减少出血。

第二节　包　　扎

矿山事故的开放性损伤，往往污染严重，为避免再度污染和减轻伤痛，需要进行适当的包扎。包扎可以起到快速止血、保护伤口免受再次污染或损伤的作用，还可固定敷料和夹板，起到减轻疼痛的作用。包扎材料包括纱布、绷带、三角巾、自粘创可贴、尼龙网套以及现场干净毛巾、衣物等。如现场有条件，包扎前应消毒，用无菌敷料覆盖保护伤口；包扎时应松紧适当；动作应迅速、敏捷；打结避免在伤口处或坐卧受压的地方。需要注意的是外露的骨折端或腹部内脏，不要复位还纳；如果在包扎过程中自行还纳，应在院前急救卡片上标明。这里主要介绍三角巾和绷带两种材料的使用方法。

一、三角巾包扎法

将一块方形的布料沿对角线一分为二，就是两块三角巾，然后消毒备用。

（一）三角巾的常用折叠法

1. 三角巾带状折叠法（图 3 – 17）

没有可用的绷带时，可将三角巾对折为不同宽窄的带子，在搬运伤员时固定敷料、夹板和肢体。

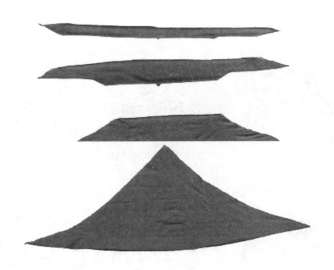

图 3 –17　三角巾带状折叠法

2. 三角巾环形垫折叠法（图 3 – 18）

此种方法可用于保护脱出的人体组织或用于包裹易刺入身体的锐器。

（二）全身各部位三角巾包扎法

1. 头部帽式包扎法

先将三角巾底边折叠至约两横指宽，把底边的中部放在前额，两底角接到头

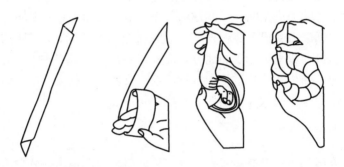

图 3-18　三角巾环形垫折叠法

的后方相互交叉，打平结，再绕至前额打结（图 3-19a），也可用绷带进行帽式包扎（图 3-19b）。

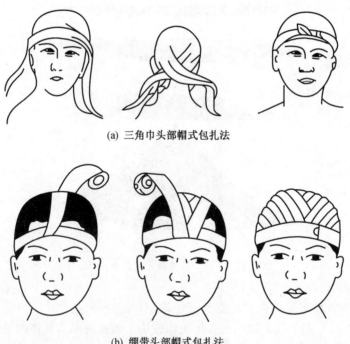

(a) 三角巾头部帽式包扎法

(b) 绷带头部帽式包扎法

图 3-19　头部帽式包扎法

2. 三角巾面部面具式包扎法

它用于广泛的面部损伤或烧伤。方法是将三角巾的顶部打结后套在下颌部，罩住面部及头部拉到枕后，将底边两端交叉拉紧后到额部打结，然后在口、鼻、眼部剪孔、开窗（图 3 - 20）。

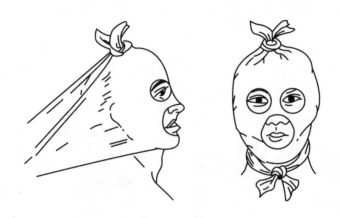

图 3 - 20　三角巾面具式包扎法

3. 三角巾胸背部包扎法

（1）胸部包扎法。把三角巾底边横放在胸部创伤部位的下方，顶角越过伤侧肩的上方转到背部，使三角巾中央部位盖住伤侧的胸部。左右底角在背部打结，顶角和左右底角打的结会合在一起并打结（图 3 - 21）。

图 3 - 21　三角巾胸部包扎法

（2）背部包扎法。与胸部包扎法基本相同，不同之处在于三角巾的大部分放在患者的背部，而打结是在胸部。

4. 三角巾腹部及会阴包扎法

将三角巾底边包绕腰部打结，顶角兜住会阴部在臀部打结固定。或将两条三角巾顶角打结，连接结放在病人腰部正中，上面两端围腰打结，下面两端分别缠绕两大腿根部并与相对底边打结（图3－22）。

5. 三角巾单侧臀部包扎法

将三角巾置于大腿外侧，中间对着大腿根部，将顶角系带围绕缠扎，然后将下边角翻上拉至健侧髂嵴部与前角打结（图3－23）。

图3－22　三角巾下腹及会阴部包扎法　　　　图3－23　三角巾单侧臀部包扎法

6. 三角巾肩部包扎法

先将三角巾放在伤侧肩上，顶角朝下，两底角拉至对侧腋下打结，然后急救者一手持三角巾中点，另一手持顶角，将三角巾提起拉紧，再将三角巾底边中点由前向下、向肩后包绕，最后顶角与三角巾底边中点于腋窝处打结固定（图3－24）。

7. 三角巾的上肢包扎法

先将三角巾平铺于伤员胸前，顶角对着肘关节稍外侧，与肘部平行，屈曲伤肢，并压住三角巾，然后将三角巾下端提起，两端绕到颈后打结；顶角反折用别针扣住（图3－25）。

8. 三角巾的手部包扎法

将伤手平放在三角巾中央，手指指向顶角，底边横于腕部，再把顶角折回拉到手背上面，然后把左右两底角在手掌或手背交叉地向上拉到手腕的左右两侧缠

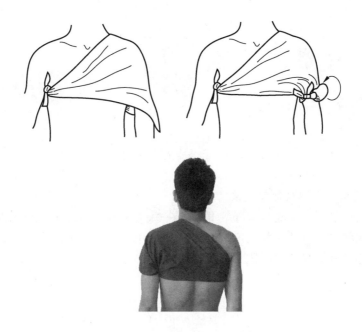

图 3-24 三角巾的肩部包扎法

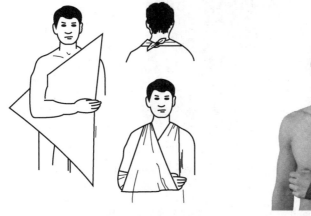

图 3-25 三角巾的上肢包扎法

绕打结（图3-26）。

图3-26　三角巾的手部包扎法

9. 三角巾的大腿根部包扎法

把三角巾的顶角和底边中部（稍偏于一端）折叠起来，以折叠缘包扎大腿根部，在大腿内侧打结。两底角向上，一前一后，后角比前角要长，分别拉向对侧，在对侧髂骨上缘打结（图3-27）。

图3-27　三角巾的大腿根部包扎法

10. 三角巾的膝部包扎法

根据伤情把三角巾折叠成适当宽度的带状巾，将带的中段斜放在伤部，其两端分别压住上下两边，两端于膝后交叉，一端向上，一端向下，环绕包扎，在膝后打结（图3-28）。

11. 三角巾的小腿及以下部位包扎法

三角巾的小腿及以下部位包扎法如图 3 - 29 所示。

图 3 - 28　三角巾的膝部包扎法　　　图 3 - 29　三角巾的小腿及以下部位包扎法

12. 三角巾的足部包扎法

与手的包扎法相似。

13. 三角巾的肢体残端包扎法

可用帽式包扎法。

二、绷带包扎法

(一) 绷带的基本包扎法

1. 环形法

环形法是最基本的绷带包扎法，将绷带作环形重叠缠绕，但第一圈的环绕应稍作斜状，第 2～3 圈作环形，并将第一圈斜出的一角压于环形圈内，最后用胶布将绷带尾部固定，也可将绷带尾部剪成两头并打结 (图 3 - 30)。

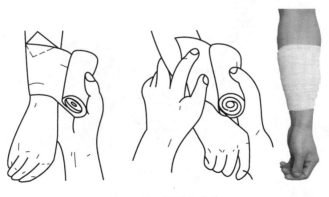

图 3 - 30　环形包扎法

2. 螺旋形法

先将绷带按环形法缠绕数圈，随后上缠的每圈均盖住其前一圈的 1/3 或 2/3，即螺旋形上缠。它适用于双上臂、双前臂、双小腿、双大腿的包扎（图 3-31）。

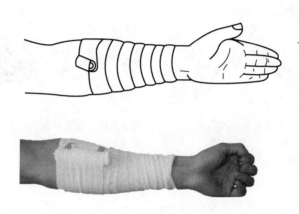

图 3-31　螺旋形包扎法

3. "8" 字形法

此法用于关节部位。先将绷带由下而上缠绕，再由上而下呈 "8" 字形来回缠绕（图 3-32）。

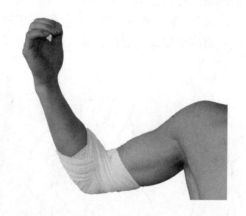

图 3-32　"8" 字形包扎法

（二）全身各部位绷带包扎法

1. 头顶部包扎法

头顶部包扎法包括帽式包扎法、十字包扎法（图3-33）。

2. 眼部包扎法

眼部包扎法分为单眼包扎法和双眼包扎法（图3-34）。

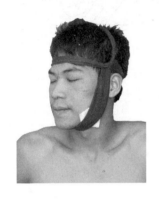

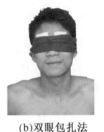

(a)单眼包扎法　　(b)双眼包扎法

图3-33　十字包扎法　　　　图3-34　眼部包扎法

3. 关节包扎法

关节包扎法包括肘关节、膝关节、足跟的包扎（图3-35）。

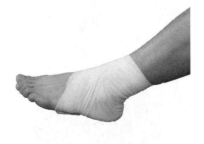

图3-35　关节包扎法

4. 手部包扎法（图3-36）

先在指部环绕，从小指侧经手背向拇指根部、向掌面绕至背侧，再绕经食指基部，绕到小指侧，如此反复缠绕，每圈覆盖前一圈的1/3～1/2。然后经手背至腕部，环绕腕部，在腕部打结。

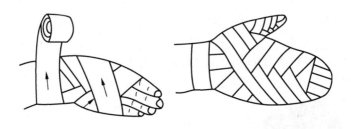

图 3 - 36　手部包扎法

5. 足部包扎法

参见手部包扎。

三、特殊创伤的包扎

1. 脑组织膨出的包扎法

遇有脑组织从伤口膨出，不可压迫，要先用大块消毒湿纱布盖好，然后再用纱布卷成保护圈，罩住膨出的脑组织，也可用碗状物罩住膨出物，再用三角巾包扎（图 3 – 37）。

图 3 – 37　开放性颅脑损伤包扎法

2. 腹部内脏脱出的包扎法

当腹部受到撞击、刺伤时，腹腔内的器官如结肠、小肠脱出体外，这时不要将其压塞回腹腔内，而要采用特殊的方法进行包扎。先用大块的纱布覆盖在脱出的内脏上，再用纱布卷成保护圈，放在脱出的内脏周围，保护圈可用碗或皮带圈代替，再用三角巾包扎。伤员取仰卧位或半卧位，下肢屈曲，尽量不要咳嗽，严禁饮水进食（图3-38）。

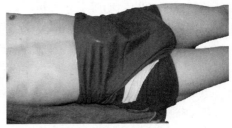

图3-38　腹部内脏脱出包扎法

3. 异物刺入体内的包扎法

异物包括刀子、匕首、钢筋、铁棍以及其他因意外刺入体内的物体。异物刺入胸背部，易伤及心脏、肺、大血管；刺入腹部，易伤及肝、脾等器官；刺入头部，易伤及脑组织。刺入人体的异物拔出后会造成出血不止，因此现场不宜立即拔出异物。正确的做法是：先将两块棉垫或替代品安放在异物周围，使其不摇晃，然后用绷带或三角巾包扎固定送医院处理（图3-39）。

图3-39　异物刺入体内的包扎法

第三节　固　　定

在现场，对于有骨折或有严重软组织损伤的肢体，常需用夹板等材料将伤肢固定。固定是骨折最重要的急救措施，目的是为了防止在搬运路途中因体位的变化或担架、车辆的晃动而引起骨折断端活动，产生骨折移位，损伤血管、神经，还可减轻疼痛，同时也能对关节脱位、软组织损伤、血管神经损伤起到稳定和保护作用。注意露出的骨折端在固定时不可以送回伤口内。

一、常用的固定材料

1. 木制夹板

木制夹板是现场最常用的固定材料，也是井下急救站内必备救护器材。它长短不同，形状规格不同，以适合不同部位的需要。

2. 铝芯塑型夹板

将夹板弯曲，用来固定颈椎及四肢骨折。

3. 充气夹板

充气夹板为一种筒状双层塑料膜，主要用于四肢骨折的固定。

4. 颈托

颈托专门用于颈部损伤固定，颈部外伤后，怀疑颈椎骨折或脱位时必须用颈托固定。

5. 负压气垫

负压气垫为片状双层塑料膜，膜内装有特殊高分子材料，使用时把片状膜包裹在骨折肢体上，使肢体处于需要固定位置，然后向气阀抽气，气垫立刻变硬，达到固定作用。

6. 就地取材

利用现场的排花、木板、木条、竹竿、笆片、工作服、绳子、甚至溜槽等制作临时固定材料。

二、常用的固定方法

根据受伤处疼痛、肿胀、畸形、活动和感觉异常等表现，应想到骨折的可能，怀疑骨折应就必须进行急救固定。

1. 上臂的固定（图3－40）

（1）病人手臂屈肘90°，用两块夹板固定伤处，一块放在上臂内侧，另一块放在外侧，然后用绷带固定。

（2）如果只有一块夹板，则将夹板放在外侧加以固定。

（3）固定好后，用绷带或三角巾悬吊伤肢。

（4）如果没有夹板，可先用三角巾悬吊，再用三角巾把上臂固定在身体上。

2. 前臂的固定（图3-41）

（1）患者手臂屈肘90°，用两块夹板固定伤处，分别放在前臂尺桡侧，再用三角巾或绷带缠绕固定。

（2）固定好后，用三角巾或绷带悬吊伤肢。

（3）如果没有夹板，可利用三角巾加以固定。三角巾上放硬纸块或书本，前臂置于书本上即可。

图3-40　上臂的固定

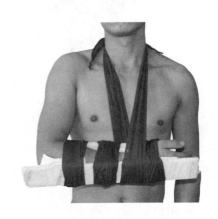
图3-41　前臂的固定

3. 大腿的固定（图3-42）

（1）将伤腿伸直，夹板长度上过髋关节，下过足跟，两块夹板分别放在大腿前后侧，再用绷带或三角巾固定。

（2）如无夹板，可利用另一侧肢体进行固定。

4. 小腿的固定（图3-43）

（1）将伤腿伸直，夹板长度上过膝关节，下过足跟，两块夹板分别放在小腿内外侧，再用绷带或三角巾固定。

（2）如无夹板，可利用另一侧肢体进行固定。

图 3 - 42　大腿的固定

图 3 - 43　小腿的固定

5. 脊椎的固定

在脊椎受伤后，容易导致骨折和脱位而损伤脊髓，如果不加固定就搬动，会加重损伤，甚至导致残废或死亡。不要随便翻动受伤者，更不能让受伤者抬头或站起。搬运时，至少要有 3 个人同时水平将伤员托起，轻轻放在木板上。整个过程动作要协调统一、轻柔稳妥，保持伤员躯体平起平落，防止躯干扭转，不要有使脊柱受挤压和扭曲的力量。在灾害事故中，如伤员本人通过自我感觉意识到可能发生了脊柱脊髓损伤，不要惊慌失措，胡乱挣扎只会导致损伤加重。镇静地发出求救信号等待救援人员的到来是获救的唯一途径。救援者到达后，要明确告诉他们自己的伤势，对于救助者不正确的搬动方法，要坚决拒绝，等待医务人员及搬运设备到场后再行处置。

（1）颈椎骨折的固定（图 3 - 44）。如有条件可选用专用颈托固定，现场没有也可用纸板、衣物等放在伤员头部两侧、颈部两侧，枕后垫薄枕，然后用绷带、三角巾或布带绑扎固定。注意在固定过程中不得活动伤员头颈部，否则会导致瘫痪或死亡。

（2）胸腰椎骨折的固定（图 3 - 45）。将伤员用绷带或布带或绳索牢固固定

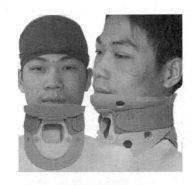

(a) 医用颈托　　　　　　　　　　　　　(b) 简易急救颈托

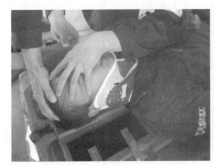
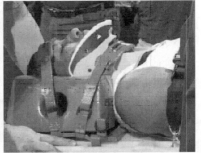

(c) 固定方法

图 3-44　颈椎骨折的固定方法

在脊柱板担架（可透过 X 光线）上，或将伤员完全固定在负压气垫担架内（该气垫在负压条件下变得非常坚硬），也可利用现场的木板制作担架进行固定。切

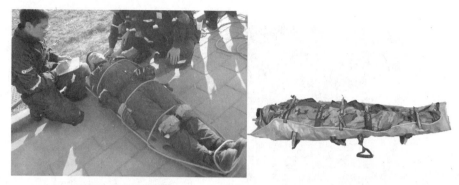

(a)可透X光的脊柱板担架　　　　　　　(b)全身完全固定的负压气垫

图 3 - 45　胸腰段受伤的固定方法

忌用任何软担架进行固定，更不能扶伤员坐或站立。

6. 骨盆的固定（图 3 - 46）

两膝屈曲，膝下置软垫，宽布带从臀部后向前缠绕骨盆；膝间、两腿间、踝间置衬垫，宽绷带捆扎。用绷带或布带固定在脊柱板担架上。注意在固定过程中始终使骨盆保持在受伤之后的姿势，动作要轻柔，固定要可靠，任何粗暴的动作都可能导致伤员大出血死亡。

图 3 - 46　骨盆骨折的固定方法

三、固定的注意事项

（1）有开放性伤口的应先止血、包扎，然后固定。如有危及生命的严重情况应先抢救，病情稳定后再固定。

（2）怀疑脊椎骨折、大腿或小腿骨折，应就地固定，切忌随便移动伤员。

（3）固定要力求稳定牢固，固定材料的长度必须超过固定两端的上下两个关节。小腿固定，固定材料长度应超过踝关节和膝关节；大腿固定，固定材料长度应超过膝关节和髋关节；前臂固定，固定材料长度应超过腕关节和肘关节；上臂固定，固定材料长度应超过肘关节和肩关节。

（4）夹板和代替夹板的器材不要直接接触皮肤，应先用棉花、碎布、毛巾等软物垫在夹板与皮肤之间，尤其在肢体弯曲处等间隙较大的地方，要适当加厚垫衬。

第四节　搬　　运

对于不同伤情的伤员，要求有不同的搬运方法。伤员搬运是现场急救的最后一个环节，也是一个重要环节。如果搬运护送不当，可使伤员伤情加重，甚至引起瘫痪或死亡。

一、搬运原则

（1）不要无目的地移动伤员。

（2）根据伤情选择搬运措施。

（3）伤势较重，有昏迷、内脏损伤、脊柱骨折、骨盆骨折、双下肢骨折的伤员应采取担架搬运。

（4）疑有颈椎、胸腰椎或骨盆骨折时必须采用硬式担架搬运。

（5）疑有颈椎、胸腰椎或骨盆骨折时禁止采用一人抬肩、一人抱腿的错误方法。

（6）疑有肋骨骨折的伤员不能采取背运的方法。

（7）要将伤员稳妥固定在担架上，防止躯体扭曲。

（8）搬动要平稳，避免过度颠簸。

（9）搬运途中要密切观察伤员的呼吸、脉搏变化；注意上止血带的时间，定时放松止血带；注意调整固定物的松紧度，防止皮肤压伤和缺血坏死。

（10）昏迷伤员应将头偏向一侧，防止误吸呕吐物、血液等或堵塞气道而引起伤员死亡。

二、搬运方法

1. 徒手搬运

　　徒手搬运适用于搬运路程较短以及病情较轻、无骨折伤员。

　　（1）拖行法（图3－47）。现场环境危险，必须将伤员立即移开，救护人员位于伤员的背后，将伤员的双侧手臂放于胸前；救护人员的双臂置于伤员的腋下，双手紧紧抓住伤员手臂。或将伤员外衣解开，衣服从背后反折，中间段托住颈部，缓慢向后拖行。

　　（2）扶行法（图3－48）。用来扶助伤势较轻并能自行清醒的伤员。救护人员位于伤员的一侧，将伤员靠近救护人员一侧的手臂抬起，置于救护人员颈部。救护人员外侧手臂紧握伤员的手臂，另一只手扶持其腰部。伤员身体略靠住救护人员。

图3－47　拖行法　　　　　　　　　图3－48　扶行法

　　（3）抱持法（图3－49）。用于体重较轻的伤员，需确定无腰椎骨折。救护人员位于伤员一侧，一只手托伤员的腰部，另一只手托住大腿，将伤员抱起。

　　（4）爬行法（图3－50）。适用于狭窄空间或火灾浓烟雾现场的伤员搬运。将伤员的双手用布带捆绑于胸前。救护人员骑跨于伤员躯干两侧，将伤员的双手套于救护人员的颈部。使伤员的头、颈、肩部离开地面，救护人员双手着地，或一只手臂保护伤员头颈部一只手着地。

　　（5）杠轿式（图3－51）。为两名救护人员的搬运法。两名救护人员面对面站于伤员的背后，呈蹲位。各自用右手紧握左手腕，左手再紧握对方右手腕，伤员将双手臂分别置于救护人员颈后，坐在杠轿上。救护人员慢慢抬起，站立，将伤员抬走。

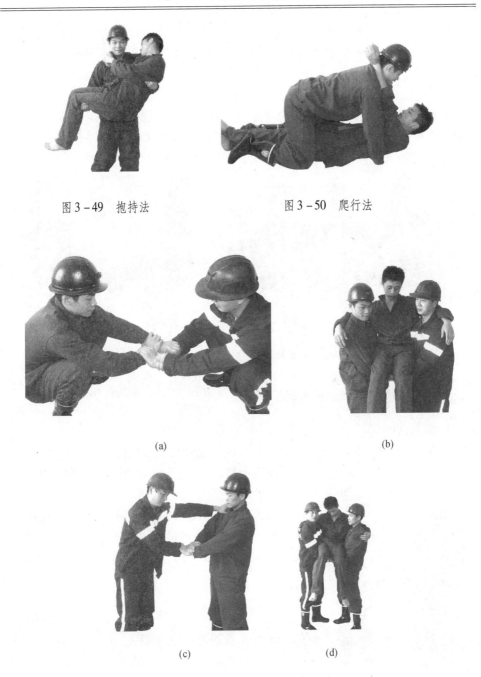

图 3 - 49　抱持法　　　　　　　　图 3 - 50　爬行法

(a)

(b)

(c)

(d)

图 3 - 51　杠轿搬运法

　　（6）三人平托法（图3－52）。适用于脊柱骨折或骨盆骨折。三名救护人员站在伤者未受伤一侧，分别在肩部、膝部、臀部，将伤员同时水平抱起，齐步前进。

　　2. 椅托法

　　椅托法（图3－53）适用于短途运送。将伤员置于椅子上，走在前面的救护人员抬椅子前腿，并将伤员双腿置于双臂内侧，后者抬椅背，并夹扶伤员双肩。

图3－52　三人平托法　　　　　　　图3－53　椅托法

　　3. 担架法

　　担架法（图3－54）应用于脊柱骨折或多发骨折等较重伤员。该方法是现场救护搬运中最常用、最安全的搬运方法，需2～4人一起进行。

　　搬运时伤员头在后、脚在前，以便后面抬担架的救护人员观察伤员的病情变化。注意步调要一致，向高处抬时，前者要将担架放低，后者要抬高。

　　三、特殊创伤的搬运

　　1. 脊柱骨折的搬运（图3－55）

　　（1）一般需要4人，一人在伤员的头部，双手掌抱于头部两侧轴向牵引颈部。

图3－54　担架法

　　（2）另外3人在伤员的同一侧（一般为右

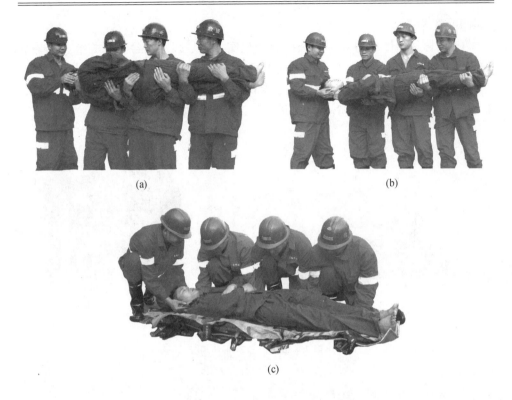

(a)　　　　　　　　　　(b)

(c)

图 3 - 55　脊柱骨折的搬运

侧），分别在伤员的肩背部、腰臀部、膝踝部，双手掌平伸到伤员的对侧。

（3）4 人均单膝跪地（同侧膝）。

（4）注意口令，同时用力，保持脊柱为一轴线，平稳地将伤员抬起，放于脊柱板上。

（5）上颈托，无颈托用沙袋或衣物等固定。

（6）用头部固定器固定头部，或用布带固定。

（7）用 6～8 条固定带，将伤员固定于脊柱板或木板上。

2. 骨盆骨折的搬运（图 3 - 56）

（1）完成伤员骨盆固定，必须保持受伤后骨盆和下肢的原始姿势。

（2）抬上担架时至少需要三人，三人位于伤员一侧，一人负责抬起伤员的胸部和头部，一人负责双下肢，一人专门负责骨盆，同时用力，抬起伤员放于硬板担架。

（3）务必使用可透 X 光线的塑料硬质担架或木板担架，不可太宽，以便于摄片和 CT 检查。

（4）骨盆两侧和下肢用沙袋或衣物垫实，胸、腹、骨盆、膝关节、踝等部位用宽布带牢牢固定，防止途中晃动。

（5）骨盆骨折伤员现场救治最重要的就是保证骨折部位不再移动，只要骨折发生再次移位，则可能导致伤员进一步大量出血而死亡。

图 3-56　骨盆骨折的搬运

3. 头胸腹开放伤的搬运

（1）开放性气胸搬运。堵塞伤口，固定伤侧手臂后搬运。伤员应采取半卧位并斜向伤侧。

（2）腹部内脏脱出的搬运。内脏脱出应首先用消毒纱布与碗固定脱出的内脏，搬运时伤员应采取仰卧位。如腹部伤口是横裂的，就必须把两腿屈曲；如是直裂伤口就应把腿放平，使伤口不易裂开。

（3）颅脑损伤搬运。颅脑损伤（包括脑膨出）搬运时伤员应向健侧仰位，以保持呼吸道通畅，头部两侧应固定，防止摇动。

（4）颌面伤搬运。伤员应采取健侧卧位或俯卧位，便于口内血液和分泌液向外流，保持呼吸道通畅，以防止窒息。

思　考　题

1. 根据全身血管分布，有效止血部位有哪些？

2. 各种止血方法的要点是什么？

3. 止血方法的注意事项是什么？

4. 包扎前、包扎时、打结时各需要注意什么？

5. 各种伤口采用三角巾包扎的要点是什么？

6. 各种伤口采用绷带包扎的要点是什么？

7. 特殊创伤包扎时需要注意什么？

8. 伤员出现哪些异常表现，就应想到骨折的可能？

9. 颈、胸、腰椎、骨盆骨折的固定应注意什么？

10. 搬运伤员的原则是什么？

11. 为什么说脊柱骨折、骨盆骨折的伤员在搬运时应格外小心？

12. 头、胸、腹开放伤在搬运时应注意什么？

第四章　避　灾　逃　生

【学习目的与要求】了解各种矿山事故的危害；掌握各种事故发生后如何逃生与自救互救。

在矿山生产过程中，瓦斯、水害、火灾、粉尘、顶板五大灾害事故时有发生。每一位井下工作人员仅仅知道怎样防止和排除事故是不够的，还必须熟悉并掌握所在矿井的灾害预防与处理计划，熟练地使用自救器，掌握各种事故的预兆、性质、特点和避灾方法，正确而又迅速地进行避灾逃生和开展自救互救，使自己和其他人员能安然脱险得救。

第一节　避灾逃生基本常识

一、保持镇静

灾害发生后，应尽可能使自己镇静下来，视灾情第一时间选择正确逃生方法，在保证自身安全的情况下开展自救、互救。

二、迅速报警

（1）事故发生后，立刻向现场人员发出警报，以便快速组织自救和制定抢救措施。

（2）撤到安全地点后，要第一时间向矿调度室汇报灾情，将看到的异常现象（火烟、飞尘等）、听到的异常声响、感觉到的异常冲击等如实汇报，不能凭主观想象判定事故性质，严禁提供虚假信息，给领导造成错觉，影响救灾。

三、选择正确的避灾撤退路线

（1）作业人员必须熟悉所工作地点的各类事故避灾路线和应急处置卡的内容。

（2）事故发生后，当受灾现场不具备抢救条件，或可能危及现场人员安全时，应由在场负责人或有经验的老工人带领，尽量选择安全条件最好、距离最短的路线，迅速撤离危险区域，尽可能有组织、有秩序、快速撤离，避免人员误入危险巷道。

四、被困人员自救互救措施

遇险人员被困时，应优先选择最近的避难硐室或避灾场所进行避灾。如果没有避难硐室或避灾场所，应积极利用现场条件构造临时避难场所。可借助独头巷道、各类硐室和两道风门之间等位置，利用现场的木板、风门、煤块、岩石、泥土、风筒等物资构筑隔离墙或风障，隔绝有害气体，人员在内避难待救。应注意：

（1）撤离到避难硐室或避灾场所的人员，应在保证安全的前提下利用通信设施向地面求救。如果无法取得联系，应充分利用避难硐室中的设备、物资维持最长生存时间，等待救援。

（2）已撤离灾区的人员，无论什么情况下都严禁私自再次返回灾区取衣物、工具等，以免发生意外。

（3）进入避难硐室前，应在硐室外留下衣物、矿灯等明显标志，以便救护队搜索时发现。

（4）待救时要保持安静，不急躁，尽量俯卧于巷道底部，以保持精力，减少氧气消耗，并避免吸入更多的有毒有害气体。

（5）硐室内只留一盏矿灯照明，其余矿灯全部关闭，以备再次撤退时使用。

（6）被水堵在上山时，不要向下跑出探望。水位下降露出棚顶时，也不要急于出来，以防 SO_2、H_2S 等有毒有害气体中毒。

（7）间断敲打管道或岩石等发出呼救信号。

（8）全体避难人员要有良好的精神心理状态，团结互助，坚定信心。

五、熟练正确使用自救器

下井人员必须随身携带完好合格的自救器。自救器是一种个人呼吸保护装备，当井下发生火灾、爆炸、煤与瓦斯突出等事故时，供人员佩戴免于中毒或窒息之用。以往的矿难事故中不乏因佩用自救器不当造成伤亡的案例，实为惨痛的教训。应注意：

（1）入井人员必须随身携带完好合格的自救器，并能熟练掌握和使用压缩氧自救器。

（2）戴上自救器后外壳逐渐变热，呼吸温度逐渐升高，表明自救器工作正常，绝不能因为吸气干热，而把自救器自行拿掉；佩戴过程中唾液可以咽下，绝不可以拿下口具往外吐。

（3）佩用压缩氧自救器撤离灾区时，要沉着冷静，最好匀速行走，在呼气和吸气时都要慢而深，口与自救器之间不能过折，以免气囊内呼气软管打折，使呼气阻力增加。压缩氧自救器使用中，如果出现气囊鼓起，自动补气仍不停止，为节约用气，可关闭开关钮，待气囊氧气消耗一半后再打开开关钮，如此反复。

（4）在未到达安全地点前，不要摘下自救器，严禁通过口具讲话或取下鼻夹和口具。

第二节 煤矿五大灾害事故的逃生与急救

一、发生瓦斯突出、爆炸事故时如何逃生

1. 发生突出事故时如何逃生

（1）井下工作人员应熟悉和掌握煤与瓦斯突出的征兆，一旦发觉瓦斯突出危险征兆，应立即停止工作，迅速撤离。

（2）通知未知险情的工友撤离，撤离时要牢记避灾路线，并迅速佩戴好自救器，快速撤离灾区。在撤退中如果退路被堵或自救器有效时间不够，可到井下避难所或利用压风自救装置进行自救，等待救援，并有规律地发出求救信号。

（3）发生突出事故时，矿井应立即对灾区采取停电、撤人措施。

（4）及时通知矿山救护队进行救援。

2. 发生瓦斯爆炸事故时如何逃生

（1）瓦斯爆炸时会使人感觉到附近空气有颤动的现象，有时还出发出"嘶嘶"的空气流动声，并有耳鸣现象。一旦发现这种情况，要沉着、冷静，采取措施进行自救。

（2）瓦斯爆炸事故发生瞬间，应迅速背向空气震动的方向，俯卧倒地，面部贴在地面，以降低身体高度，避开冲击波的强力冲击，并闭住气暂停呼吸，快速佩戴好自救器，以防止吸入大量有毒气体，选择避灾路线，快速撤离。

（3）如果爆炸造成巷道被破坏，人员在通过时不要推拉支架，要顺序依次通过。

（4）当不能直接撤离到地面时，应首先撤离至就近的避灾点（如救生舱、避难硐室）等待救援。也可利用独头巷道、硐室或两道风门之间的条件，就地取材构筑风障，减少有害气体流入，如有压风自救，应立即打开，静坐待救，同时在硐室外留下明显标记；间断敲击轨道或铁管发出求救信号。

（5）躲避地点要选择在顶板坚固、空气清新、离水源较近、设有压风自救等相对安全的地方。随时注意附近情况的变化，发现危险时，立即转移。

二、发生粉尘爆炸事故时如何逃生

参照"发生瓦斯爆炸事故时如何逃生"的方法。

三、发生火灾事故时如何逃生

（1）首先佩戴好自救器，选择正确避灾线路有组织地迅速撤离。

（2）如果烟雾较大，撤退过程中，应用木棍探索前进，防止掉进暗井、溜煤眼造成伤亡。在烟雾较大、视线不清的情况下，工人可手拉手低身前进。撤退中应靠巷道有联通出口的一侧摸着巷道壁行进，避免错过脱离危险区的机会，同时还要注意观察巷道和风流的变化情况，谨防火风压可能造成的风流逆转。

（3）回风侧工作的人员，应迅速戴好自救器寻找捷径绕道进入新鲜风流或在烟气没有到达之前，顺着风流尽快从回风出口撤到安全地点；如果距火源较近而且越过火源没有危险，也可迅速穿过火区撤到火源的进风侧，快速撤离。

（4）进风侧工作的人员，得知灾情后，应迎着新鲜风流快速撤离，在不知有害气体的情况下也应佩戴自救器。

（5）在高温浓烟的巷道撤退还应注意利用巷道内的水浸湿毛巾、衣物或向身上淋水等办法进行降温，改善自己的感觉，或是利用随身物件等遮挡头部、面部，以防高温烟气的刺激。

（6）如果不能及时撤出，应及时进入避难硐室或临时避难巷道。选择避难的巷道，应是无易燃易爆的物质，远离火源的地点。

（7）随时注意附近情况的变化，发现危险或风流逆转时，应立即转移。

四、发生透水事故时如何逃生

（1）井下一旦发生透水事故，在场人员应立即将灾情向矿井调度室汇报，并根据灾情程度，在确保人员安全的条件下，及时进行现场抢救，制止灾害进一步扩大。无法抢救时，应有组织地沿避灾路线撤退，并设法以最快的方式通知附近地区工作的人员安全撤退。

（2）撤退时，必须听从班组长或有经验的老工人的指挥，撤退到上一水平或地面。行进中，应靠近巷道一侧，抓牢支架或其他固定物，尽量避开压力水头和泄水流，并注意防止被水流中滚动的矸石和木料撞伤。

（3）处在上山的工作人员，应在就近上山的联络巷避难硐室内暂避，不要进入透水地点附近的平巷或下山独头巷道中。

（4）当独头上山下部唯一出口被淹没无法撤退时，可在独头上山待救，严禁盲目潜水逃生等冒险行为。如果一时躲避不开，要站稳脚跟，拉住可靠物，头部露出水面，平静呼吸；防止被水冲倒，切不可顺流奔跑，待波峰过后，沿上山或侧巷撤退到上一水平，然后出井。

（5）若在撤退时人员迷失方向，必须朝着有风流通过的上山巷道方向撤退。

（6）如果退路被截断，就应迅速找到该地区位置最高、离井筒或大巷最近的地方暂避，如系老空透水，则须在避难硐室外建临时挡墙或挂帘，防止被涌出的有毒有害气体伤害。进入硐室前，应在硐室外留设明显标志。同时要定时有规律地敲击轨道或铁管，间断地发出求救信号。但当瓦斯浓度达到爆炸界限时注意勿引爆瓦斯。

（7）在避灾期间，遇险矿工要有良好的精神心理状态，情绪安定、自信乐观、意志坚强。要做好长时间避灾的准备，除轮流担任岗哨观察水情外，其余人员应静卧，以减少体力和空气消耗。

（8）被困期间断绝食物后，即使在饥饿难忍的情况下，也应努力克制自己，决不嚼食杂物充饥。需要饮用井下水时，应选择适宜水源，并用纱布或衣服过滤。

（9）长时间被困在井下，发觉救护人员到来营救时，避灾人员不可过度兴奋和慌乱，以防发生意外。

（10）在撤退中，探水人员或其他工作人员需要通过有瓦斯积聚或积水很深的巷道时，应戴上自救器，防止中毒和窒息。

（11）老空透水时，往往放出大量有害气体，如瓦斯、硫化氢等，也应戴上自救器，防止中毒和窒息事故发生。

（12）在受灾地点和撤退途中，可能会遇到落水的、被冒落的矸石或倒塌物埋压的人员，只要他们一息尚存，就要组织少数有经验的老工人迅速抢救，并组织其他人员按避灾路线外撤。

（13）撤退通过立井、窄小巷道时，要按次序通过，不可慌乱，防止坠入立井或溜煤眼。

（14）撤退到地面或安全地点后，应立即清点人数，向调度室汇报。

五、发生顶板冲击地压事故后如何逃生

1. 发生冒顶事故后如何逃生

（1）发现采掘工作面有冒顶的预兆，自己又无法逃离现场时，应立刻把身

体靠向硬帮或有强硬支柱的地方。

（2）冒顶事故发生后，伤员要尽一切努力争取自行脱离事故现场。无法逃脱时，要尽可能把身体藏在牢固支柱或大块岩石架起的空隙中，防止再受到伤害。

（3）遇险人员要积极配合外部的营救工作。冒顶后被煤矸、物料等埋压的人员，不要惊慌失措，除条件允许外切忌采用猛烈挣扎的办法脱险，以免造成事故扩大。被冒顶隔堵的人员，应在遇险地点有组织地维护好自身安全，构筑脱险通道，配合外部的营救工作，为提前脱险创造良好条件。

（4）当大面积冒顶堵塞巷道，即矿工们所说的"关门"时，作业人员被堵塞在工作面，这时应沉着冷静，做好较长时间避灾的准备。由班组长统一指挥，只留一盏灯供照明使用，如有压风管，应立即打开供给氧气，并稀释被隔离区域的瓦斯和其他有害气体浓度，但要注意保暖。用铁锹、铁棒、石块等规律地敲击通风、排水的管道，向外报警，使救援人员能及时发现目标，准确迅速地开展抢救工作。

（5）如人员被困地点有电话，应立即用电话汇报灾情、遇险人数和采取的避灾自救措施。否则应采取以上方法进行自救和互救。

（6）在撤离险区后，应迅速向井下及井上有关部门报告。

2. 发生冲击地压事故后如何逃生

（1）现场人员迅速趴下，避免弹起撞击受伤，降低冲击波、飞起物等伤害，找到坚固支撑处躲避。

（2）要避免盲目乱跑摔伤。事故发生后，巷道煤尘往往很大，瞬间涌出高浓度瓦斯，应立即佩戴随身携带的自救器或找到最近的压风自救设施，打开附近供风阀门，为被困空间供风。

（3）积极开展互救。遇有人受伤、被埋，生存人员要积极开展互救，帮助救出被埋压人员，对受伤人员简单施救包扎等。

（4）如遇人员被困，迅速向调度室汇报事故及被困情况，利用一切可用措施向外发出求救信号，但不可直接用石块或铁质工具敲击金属管路传递信号，避免产生火花而引起瓦斯煤尘爆炸。

（5）被困人员尽可能为自救创造生存条件，选择安全地点，节约体能，坚定获救信心，积极配合外面营救工作。

第三节　其他事故的急救

一、发生电击如何互救

（1）迅速切断电源或用干燥的木棒将电线拨开。电源不明时，不要直接用手接触触电者。

（2）在潮湿的地方，施救人员要穿绝缘胶鞋，戴胶皮手套或站在干燥木板上以保护自身安全。

（3）判断触电者是否清醒、有无呼吸，对心跳呼吸停止者立即实施心肺复苏，不要轻易放弃。

（4）抢救同时可针刺或指掐人中、合谷、内关、十宣等穴，以促其苏醒。

（5）如果触电者虽失去知觉，但呼吸、心跳仍存在，应使触电者平卧，空气流通，要注意保暖。

（6）如果触电者神志清醒，但有心慌、四肢发麻、全身无力等症状，或者触电者一度昏迷后清醒过来，应使触电者安静休息，不要走动，等候急救医生或送医院。

（7）如有其他损伤（如跌伤、出血等），应做及时的包扎、止血及固定等相应的急救处理。

（8）病情稳定后，迅速转运出井至医院进行综合治疗。

二、发生中暑如何互救

在矿山的地面或井下，如气温高于 36 ℃、湿度大于 60% 的环境中，工作人员由于长时间工作或强体力劳动，易发生中暑。夏季高温是井下的风井入风气温过高的主要原因，煤炭或硫化矿石氧化放热也占工作面风流带出热量的 20% 以上，热害也是矿井生产向深部发展过程中不可避免的。

中暑者一般表现为体温升高、乏力、眩晕、恶心、呕吐、头晕头痛、脉搏和呼吸加快、面红不出汗、皮肤干燥；重者出现高热、神志障碍、抽搐，甚至昏迷、猝死。

伤员如果出现大量出汗、口渴、头昏、耳鸣、胸闷、心悸、全身疲劳等现象，应考虑到是中暑前驱症状，矿井地面伤员应立即撤至阴凉处，并补充清凉含盐饮料。

急救措施如下：

（1）及时转移至通风、阴凉的地方或空调供冷房间处。

（2）仰卧，解开衣领，脱去或松开外套。

（3）用湿毛巾冷敷头部、腋下以及腹股沟等处，有条件的可用温水或50%的酒精擦拭全身，同时进行皮肤、肌肉按摩，加速血液循环，促进散热。

（4）意识清醒的病人或经过降温清醒的病人可饮服淡盐水，或服用人丹、十滴水和藿香正气水（胶囊）等解暑；不能饮水者，应及时给予静脉补液。

（5）热衰竭、昏迷可针刺人中、合谷、曲池等穴位急救。点穴方法：用拇指指甲掐点人中、十宣各5~10次，如无效应请医生救治。

（6）一旦出现高热、昏迷抽搐等症状，应让病人侧卧，头尽量向后仰，保持呼吸道通畅，同时立即拨打急救电话，求助医务人员给予紧急救治。

三、发生溺水如何互救

在煤矿的透水事故中，由于水会对人员造成冲击，以及人员可能与巷道发生碰撞伤，所以救助透水事故中溺水的伤员，不但要注意水灌入气管和肺中所造成的窒息，而且要注意其他的损伤。在溺水现场抢救伤员的步骤是：

（1）立即将溺水者救至安全、通风、保暖的地点。首先清除口鼻内的异物，确保呼吸道的通畅。将救起的伤员俯卧于被救护者屈曲的膝上，救护者一腿跪下，一腿向前屈膝，使溺水者头向下倒悬，以利于迅速排出肺内和胃内的水，同时用手按压背部做人工呼吸。

（2）如上述抢救效果欠佳，应立即改为俯卧式或口对口人工呼吸法，至少要连续做20 min不间断；然后再解开衣服检查心音，抢救工作不要间断，直至出现自主呼吸才可停止。

（3）心跳停止时，应立即进行心肺复苏。

（4）呼吸恢复后，可在四肢进行向心按摩，促使血液循环的恢复；神志清醒后，可给热开水喝。

（5）经过抢救后，应立即转运至医院进行综合治疗。

思 考 题

1. 避灾逃生的基本常识是什么？

2. 为什么说组织严谨、团结互助是避灾逃生的要素？

3. 如何使用自救器？

4. 矿井发生灾害事故时如何成功逃生？

第五章　被困矿工的心理和营养问题

【学习目的与要求】熟悉被困井下后心理调节的各种方法；了解人体所需的营养素和再喂养综合征；掌握再喂养综合征的预防。

第一节　被困矿工的心理调节

人类社会发展到今天，人们仍然无法预知灾难什么时间来临，矿难以其突发性时时侵袭着矿工的生命。然而在大大小小的矿难中，却出现了许多生命的奇迹。从 2004 年南京江宁的管传智被困 7 天获救，到 2005 年黑龙江七台河东风煤矿的爆炸事故中的 48 人生还，到 2010 年山西王家岭煤矿发生透水事故中的 115 人成功被救，再到智利圣何塞铜矿被困 69 个日夜的 33 名矿工成功获救，生命的奇迹不断出现，那么奇迹的背后又隐藏着什么样的规律？从心理角度来说又有哪些共性呢？

一、稳定情绪，接受现实

如果发生创伤及被困井下，尝试接受现实的状况，抚平情绪的伤痛并缓和身体上的不适。面对危难，特别是生命受到直接威胁的情况下，出现"这不是真的，不会的"这样的反应只会把自己置于更为不利的局面中，对于问题的解决于事无补。这种情况，必须使自己尽快冷静下来，接受自己受伤、受困，并且生命随时都有危险的现实，在此基础上坦然面对各种困难，才能对当前的处境进行客观的评估，从而想出解决问题的办法。

二、形成组织，互相保护

2010 年山西王家岭"3·28"矿难的救援人员发现，被困井下的几乎所有的获救人员都是以小群体的方式成功等待救援的。他们往往是五六个人或更多的人聚集在一起。实际上在这种封闭的与世隔绝的条件下，伙伴们在一起本身就具有保护作用。在这一群人中，常会有一个年龄稍长、经验丰富的工人担负着领导责任。他们群策群力选择避难地点，寻找向外界传递信息的方法；把矿灯收集起来，有计划地使用光源，在救援队到达时能够有效指示救援的方向。这些"领导者"在有些矿工情绪低落的时候，对其进行安慰，甚至有人编造出了某地矿难后有人被困 15 d 获救的故事鼓励对方坚定信心。而在救援人员开始逐个施救的时候，这些"领导者"往往选择了最后出井。这些经验都告诉人们一个重要的原则——在危急时候，更要有组织。组织可使所有人的智慧和体力得到有效的发挥和运用，为体力的保持、资源的节约提供了有效的保证，更为外面救援工作的开展争取到了宝贵的时间。

三、坚定信念，等待救援

只要生命还在，大家就应该有希望。多次创造矿难生命奇迹的实例表明，是对生的渴望，是坚信获救的信念，使得受困矿工创造了生命的奇迹。在危难时机、艰难条件下，生的信念、生的信心会帮助人们死里逃生；相反，"生"的信念的磨灭、极度的恐惧和绝望则可能在还有生还机会的情况下，被自己"坏"的想法活活吓死。

尽可能回避与负面情绪相关的想法，告诉自己不要想悲观的结果，那样会更难受；换作积极的想法，相信矿上的领导和工友们一定会想办法施救，他们不会弃大家于不顾。搜索自己以往有利于生存的经验，回忆以前美好的生活，想想与自己的亲人在一起的幸福日子，与自己的朋友在一起的开心时光，和工友在一起谈天说地时畅快的感觉等。尽量让那些美好日子带来的美好的情感充满自己。与此同时，尽一切办法搜索外界的一切声响，如开山炮声、机器的马达声、水泵抽水声等，以此作为生存的心理支持。

四、积极暗示，创造奇迹

在封闭的、与世隔绝的环境中，忍饥受冻，产生无助感很正常，但越是在这种情况下越要坚定活下来的信心，正如前面所看到的奇迹一样，用生的信念创造生命的奇迹。心理学上有一个著名的试验，在接受试验者的皮肤上贴一片湿纸，并告之这是一种有特殊功效的纸，它能使皮肤局部发热，要求被贴纸的人用心感受那块皮肤的温度变化。十几分钟过去后，将纸片取下，被贴处的皮肤果然变化，并且摸上去有发热感。但事实上，那只是一张普通的湿纸，是心理暗示使皮肤局部的温度发生了变化。积极的心理暗示会产生巨大的力量，从而创造奇迹。这里介绍几种简单的积极暗示的方法。

1. 语言积极暗示

在内心中真诚且平静地对自己说，"我一定会出去的""我不会死在这里的", 并且感受这些话带给自己的心理体验, 从中去体验力量。

2. 动作暗示

为自己的幸存、为自己即将到来的获救设计一些小动作, 并且不断重复做这些动作为自己鼓劲。

3. 想象获救场景

如果可能的话, 在相对平静的阶段, 让自己的身体和心情都放松下来, 这时想象自己和伙伴们都已经成功获救, 想象此时工友和家人的欢呼、拥抱和喜极而泣的场景, 增强自己活下来的决心。

五、矿工心理调节"三字经"

矿难发, 困井下; 生命在, 幸运存; 勿恐惧, 不乱来; 轻细语, 少活动; 有组织, 相互帮; 心平静, 存体力; 强信念, 等救援; 平安回, 创奇迹。

第二节　被困矿工的营养问题

营养是人体不断从外界摄取食物, 经过消化、吸收、代谢并利用食物中身体需要的物质 (养分或养料) 来维持生命活动的全过程, 它是一种全面的生理过程, 而不是专指某一种养分。在以往的矿难救援中很少提及营养问题, 但随着社会的进步和矿难救援技术的发展, 长时间被困矿井下获救的奇迹不断涌现, 被困人员的营养支持和治疗受到了高度重视。

一、人体所需的营养素

人体所需的营养素不下百种, 可概括为六类:

1. 碳水化合物

碳水化合物 (五谷类) 是提供糖类的主要营养素。糖类是人体的主要能源物质, 人体所需要的能量的 70% 以上由糖类供给。它也是组织和细胞的重要组成成分。碳水化合物还富含膳食纤维, 膳食纤维是指植物中不能被消化吸收的成分, 是维持健康不可缺少的因素, 它能软化肠内物质, 刺激胃壁蠕动, 辅助排便, 并降低血液中胆固醇及葡萄糖的吸收。

2. 脂肪

脂肪是能量的来源之一, 它协助脂溶性维生素 (维生素 A、D、E、K 和胡萝卜素) 的吸收, 保护和固定内脏, 防止热量消失, 保持体温。油脂是提供脂肪的主要营养素。

3. 矿物质

矿物质是骨骼、牙齿和其他组织的重要成分，具有十分重要的生理机能调节作用。蔬菜、水果是提供矿物质的主要营养素。

4. 蛋白质

蛋白质是一切生命的基础，在体内不断地合成与分解，是构成、更新、修补组织和细胞的重要成分，它参与物质代谢及生理功能的调控，保证机体的生长、发育、繁殖、遗传并供给能量。肉、蛋、奶、鱼、豆是提供蛋白质的主要营养素。

5. 维生素

维生素是维持人体健康所必需的物质，需要量虽少，但由于体内不能合成或合成量不足，必须从食物中摄取。维生素分水溶性（维生素 B 族、维生素 C）和脂溶性（维生素 A、D、E、K 等）两类。它们对人体正常生长发育和调节生理功能至关重要。蔬菜、水果是提供维生素的主要营养素。

6. 水

水是人体内体液的主要成分，是维持生命所必需的，约占体重的 60%，具有调节体温、运输物质、促进体内化学反应和润滑的作用。人体的每个器官都富含水分，如血液和肾脏中的水占 83%，心脏中的水分为 80%，肌肉为 76%，脑为 75%，肝脏为 68%，骨骼中含 22%。干燥是衰老的表现。年轻人细胞内水分占 42%，老年人则只占 33%，故此产生皱纹，皮下组织渐渐萎缩。人衰老的过程就是失去水分的过程。体内一些关节囊液、浆膜液可使器官之间免于摩擦受损，且能转动灵活。眼泪、唾液也都是相应器官的润滑剂。人的各种生理活动都需要水。水是世界上最奇妙的药。当人体感冒、发热时，多喝水有益于发汗、退热，冲淡血液里细菌所产生的毒素，同时小便增多，有利于加速毒素的排出。

人体正常情况下所需能量来源于食物，食物中的碳水化合物、脂类、蛋白质经过消化吸收分解代谢释放能量，满足人体需要。一旦食物供应中断，机体将在神经内分泌系统的调节下动用体内一切能量储备，甚至消耗自身组织，提供能量以维持生命。体内可作为能源物质的有糖、脂肪、蛋白质，又称为三大能量营养素。碳水化合物是人体主要的代谢"燃料"，以葡萄糖和糖原形式存在，血液中葡萄糖是组织细胞直接代谢的"燃料"，糖原主要贮存于肝脏和骨骼肌内，人体贮存总量约 140~600 g。如果按健康成年男子每日维持基础代谢需要能量 6.7 MJ（1600 kcal）计算，则糖原耗尽所产生能量能够维持生命 12~36 h。当体内贮存的糖原将耗尽时，代谢的"燃料"转移到以脂肪为主。人体脂肪分为必需脂肪和贮存脂肪两大类。成年男性贮存脂肪约占体重的 12%（女性占体重 15%），按男性体重 60 kg（女性 55 kg）计算，贮存脂肪质量为 7.2 kg（女性 8.2 kg）。若贮存脂肪全部消耗可产生能量 241～275 MJ（57600～65600 kcal），理论上讲能维持生命 5～6 周。食物蛋白质经过消化以氨基酸形式吸收，主要用于构成组织细胞，很少一部分分解产热作为能量利用。体内游离氨基酸的贮存量很少，长时期饥饿至贮存脂肪消耗殆尽时，有一部分组织细胞蛋白能被分解提供能量。

二、饥饿对机体的影响

人体饥饿状态，从持续时间和发展进程看，有短期饥饿和长期饥饿；从严重程度看，有完全饥饿和不完全饥饿；从内容性质看，有某种或某些营养素饥饿和全面营养缺乏性饥饿。

人体对氧饥饿最敏感，只能耐受几分钟；对水饥饿也较敏感，能耐受不过数日；只要有氧、水充分供给，在完全食物饥饿的条件下，仍可生存 50 d 左右。如山西王家岭煤矿透水事故中 115 名矿工被困井下八天八夜后被救出井；一名叫杰克的澳大利亚人，靠吃煤渣喝泥水在井下 270 m 深处存活了 17 d 又 5 h；2009 年 6 月 17 日贵州省晴隆县新桥煤矿发生透水事故，3 名矿工被困 25 天后奇迹生还。短期饥饿或饥饿过程的早期，例如 1～3 d 不进食，人体首先产生强烈的饥饿感，心窝部表现一种隐隐不适感与进食欲望，主要由胃肠排空后周期性蠕动收缩的刺激和体液成分改变的刺激等引起，但长期饥饿和过度疲劳者，饥饿感却受到抑制而显著减轻。在整个饥饿进程中，人体的生理保护作用十分突出，即加强肌肉等次要部分的分解，保证大脑及中枢神经系统和心脏等重要器官的营养需要。在饥饿过程中，由于生化代谢的激烈变化，人体必然产生体脂消耗和肌肉分解而引起消瘦、乏力，生理上必需的热能主要来自脂肪（占 80% 以上）和蛋白质分解。

长期饥饿的人体，表现为器官活动强度降低，如心跳减慢、呼吸浅慢、肌肉活动能力下降、性机能减退、总的物质代谢水平降低，机体基本上维持在生命必需的低水平功能活动上。体重下降是体内脂肪、蛋白质大量消耗的必然结果，2009 年 6 月 17 日贵州省晴隆县新桥煤矿被困 25 d 生还的 3 名矿工，原来都是约 70 kg 的体重仅仅剩下约 35 kg。

三、再喂养综合征的预防

再喂养综合征（RFS）是机体经过长期饥饿或营养不良，重新摄入营养物质后发生以低磷血症为特征的电解质代谢紊乱及由此产生的一系列症状。通常在营养治疗后 3～4 d 内发生。长期饥饿患者 RFS 发生率最高，饥饿状态超过 7～10 d，就有可能发生 RFS。

矿难后被困人员由于食物、能量摄入突然停止，导致人体血糖下降，同时胰岛素分泌下降伴随胰岛素抵抗，分解代谢多于合成代谢，导致机体磷、钾、镁和维生素等微量元素的消耗，但此时血清中磷、钾、镁浓度仍可能正常。一旦重新开始摄食或进行营养治疗时，补充大量含糖制剂后，血糖会马上升高，胰岛素分泌恢复甚至分泌增加，胰岛素作用于机体各组织，导致钾、磷、镁转移入细胞内，从而形成低磷血症、低钾血症、低镁血症；另外，糖代谢和蛋白质合成的增强还消耗维生素 B_1，导致维生素 B_1 缺乏。上述因素联合作用，会损伤人体心脏、大脑、肝脏、肺等细胞功能，引起重要生命器官功能衰竭，甚至死亡。

RFS 预防的关键在于逐渐增加营养素摄（输）入量，避免大吃大喝（包括口服及静脉途径）。禁止摄入含糖量多的食物与饮品，可用少糖奶制品替代；禁止大量输入葡萄糖液，可用脂肪乳剂或氨基酸制剂，从而减少糖在能量中的比例。经验性补磷、补钾、补充维生素 B_1。饥饿后的营养补充应该遵循"先少后多、先慢后快、先盐后糖、多菜少饭、逐步过渡"的原则，在一周后恢复至正常需要（摄入）量。一旦发生 RFS，应该进行专业治疗。

思 考 题

1. 创伤发生后应当具备什么心理？
2. 如何进行心理的积极暗示？
3. 人体所需的营养素主要有哪几大类？
4. 为什么获救后不能大吃大喝？

附录一　灾难的启示

　　2010 年 8 月 5 日，智利北部圣何塞地区的一个开采黄金和铜的矿井发生坍塌，33 名矿工被困，生死不明，有关部门调动了救援设备开始挖掘，但是挖了两天，由于地质情况复杂，铜矿公司提供的地下图纸又不大准确，救援工作进展缓慢。随着时间的流逝，能够救出活人的希望已越来越渺茫，在矿坑附近守候的矿工家属的心也越来越凉。

　　但就在 8 月 22 日的深夜，一个钻到地下 700 m 的测深定位仪带出了一个塑料袋，里面有一张纸条，上面写着"我们 33 人都平安"，让人们不敢相信自己的眼睛。随后，伸到地下的摄像机也拍到了矿工们的情形……

　　1. 镜头一：突然塌方出路被堵

　　对于智利圣何塞铜矿的 63 岁老矿工马里奥·戈麦斯而言，8 月 5 日原本是再普通不过的一天，那天轮到他的小组下井采矿。经过曲折的地下隧道，戈麦斯和 32 名工友下到距地面 700 m 左右的深井，开始一天的工作。

　　下午 14 时，头顶突然传来的巨大震动和轰鸣声令戈麦斯感到事情不妙。"塌方了，去找紧急逃生口！"这是戈麦斯的第一个反应。16 岁就开始当矿工的他几乎经历过井下的各种危险。1979 年的一次塌方事故中，滚落的岩石削去了戈麦斯的部分手指，给他留下了终生残疾。

　　但这一次，情况要危急得多。还没等他喊出口，巨大的岩石从上方滚落，将矿工们下井的通道截断。塌方震落的浓密烟尘充满了矿井，矿工们几乎看不清周围任何东西，双眼也像被灼烧一样剧痛。但他们在黑暗中互相呼喊着排成队伍，摸索着寻找通风隧道。

　　根据智利采矿安全条例，所有矿井的通风口都应当安装梯子，以便在紧急状况下逃生。但当戈麦斯和工友们赶到通风口时，发现这里并没有梯子，塌方导致的岩层变化也使得通风口几乎被完全堵塞。

　　2. 镜头二：避难所内找到食物和水

　　被困采矿小组的工头，54 岁的路易斯·乌尔苏亚意识到，所有的逃生通道都已被切断，唯一可做的便是等待救援。但他们正位于距离井口 700 m 的深处，即便是最先进的救援挖掘机器也不会立即找到他们。

于是，乌尔苏亚召集了所有弟兄，根据记忆找到井下一处避难所，这里存储着紧急情况下使用的食物和水源，但只够两天。为让有限的食物维持得更久，矿工们开始实行食物配给制：每人每两天仅能分到两勺金枪鱼罐头，一口牛奶，再加上半块饼干。

矿井中的各种设备也被派上了用场，在戈麦斯等老矿工的指挥下，大家用井下卡车的车灯照明，并为头盔探照灯和手机充电。虽然没有信号和外界联系，这至少能让矿工们知道时间日期。他们还用一台可钻破岩层的机械成功挖出了地下水，这大大提升了矿工们在井下存活的概率。

3. 镜头三：矿工四处打探绘地图

有 31 年丰富采矿经验的乌尔苏亚不打算坐以待毙，他委派 3 名有经验的矿工出去打探周围环境，寻找任何可能求生的机会。

最后矿工们绘制出一份周围地形的详细地图，这为后来的地面救援行动提供了很大便利。曾受过创伤急救知识培训、具有一些医疗知识与技能的矿工被指派不同的任务，确保所有人都能在获得救援前存活下去。

乌尔苏亚和戈麦斯还将 33 名矿工分成 11 组，3 人一组，所有的组都被委派了收集水源、打扫卫生、分配补给等工作任务，小组成员互相监督。这使得矿工们还像矿难前一样有严密的组织分工。

当然，处于与外界完全隔绝、暗无天日的封闭的井下时，所承受的心理压力是常人难以想象的。于是宗教成为很多矿工的寄托，作为被困矿工中最年长的戈麦斯自然承担了精神领袖的责任，他组织矿工们祈祷，宽慰焦虑的年轻矿工，告诉他们：只要有信念，终将和家人团聚。

4. 镜头四：17 天后盼来"援军"

矿工们并不知道的是，就在他们头顶，亲人们都日夜守候在矿井外，他们甚至在井口附近搭建了临时房屋，时刻都不肯离开。与此同时，救援人员正夜以继日开凿探井，希望找到失踪矿工幸存的任何迹象。

但由于矿井地图错误和不稳定的岩层，连续 7 次的尝试全部以失败告终。直到 8 月 20 日左右，乌尔苏亚和工友们依稀听到了头上传来熟悉的钻井声，而且这个声音越来越大，越来越近。乌尔苏亚告诉大家："我们有希望了。"

经过 10 多天的煎熬等来的希望曙光让所有人欣喜若狂，但他们很快冷静下来——他们必须让救援人员知道自己还活着。矿工们推举戈麦斯作为代表给地面传信。他用红色的笔迹在纸上写出几个大字："我们 33 人都在避难所内，全部安好。"

8 月 22 日凌晨，距离避难所 20 m 处隧道内的岩石开始剥落，来自地面的探井打通了！戈麦斯立即将求生字条用胶带绑在探杆上，同时还附上了一封给妻子的短信。上面写着："亲爱的莱拉，即便我们要等数月才能和地面联系，我想告诉所有人我很好，而且确信我们能够生还。我们会有耐心和信心。"

几小时后，当探杆回到地面，戈麦斯的信被智利总统塞巴斯蒂安·皮涅拉在媒体前高声宣读，这个消息令智利举国上下一片欢腾。

5. 镜头五：一起用餐"不落单"

喜悦的心情稍稍平复后，地上地下的人们都意识到，即便探井已经打通，但要穿过近 700 m 不稳定的岩层，把所有矿工安全救出将是一项艰巨而耗时的任务。与开凿救援井同等重要的是，确保已经奇迹般生存了 17 天的矿工们在接下来的日子继续保持身心健康。

在探井旁边，救援人员又开凿了另一个直径 8 cm 的井，并将一个长约 2.5 m 的金属圆柱仓放入其中，输送矿工急需的援助物资。从食物、水果、衣服到药品、通信器材，任何救援物资都必须通过这个洞从地面传来。

虽然希望似乎就在眼前，工头乌尔苏亚明白，现在更需要团结冷静。于是当营养品经过细细的管道传到井底时，乌尔苏亚坚持要等所有 33 人的补给都到齐了之后再开始一起享用。

和地面建立起通信后，每位矿工可以和自己的家人传送 1 min 的视频。但几名精神状态低迷的矿工不愿在视频上露面，不过经过乌尔苏亚的劝说，第二次视频通信时所有人都在镜头前出现。

6. 镜头六："豪斯医生"每日体检

获得救援后，矿工们的生活似乎"正规"了些。每天 7 点 45 分，装在金属圆柱舱里的早餐被送到井下，这个物资舱被称为"鸽子"。每班工人中有 3 ~ 4 人负责迎接"鸽子"，他们有 5 min 的时间把货物取出。吃完蛋白奶昔或者果酱三明治这类高营养的早餐后，工人们就要像平时上班一样开始一天的工作。

第一项任务是检查隧道内空气质量和瓦斯浓度，确保通风正常。如果发生任何变化，就必须通知地面救援人员，调整向井下输送氧气的浓度。

与此同时，50 岁的矿工约尼·巴里奥斯也开始给矿工们进行身体检查。他是矿井爆破专家，还接受过医疗知识培训，这一专长让他理所当然成为被困矿工们的医生，工友们都称呼他"豪斯医生"。巴里奥斯必须检查所有矿工的生命体征，如进行验血和验尿，检查是否有皮肤感染，并密切关注他们的体重。所有的检查结果都被送给地面的医务人员作详细分析。

智利卫生部长还专门给巴里奥斯送去了一部拔牙指南的视频，半开玩笑地对他说："告诉你的伙伴们，如果他们不肯每天刷牙，那么你就得在井底下给他们进行拔牙手术了。"

7. 镜头七：严格执行三班倒工作制

早上的主要工作还是清理碎石。当地面救援人员开凿救生井时，井下矿工们也必须自救，他们需要挖出 700~1500 t 的碎石。为此 33 名矿工被分成 3 班，轮流工作 8 h，完成清理碎石等各种任务。每班都有一个工长，他们直接向乌尔苏亚报告。

白班从早上 8 点至下午 4 点，夜班是下午 4 点持续到午夜，晚班则是半夜至清晨。当然，对于矿工们而言，白天和晚上的区别，仅仅是开关灯而已。每班工人除了 8 h 工作，还有 8 h 睡觉的时间，另外 8 h 可以玩游戏、给家人写信或者在隧道里散步。

每天早上 8 点前，当新的一轮换班开始时，矿工们从睡觉的营地出发，前往更高处位置的隧道工作。矿工们最初找到的避难所的面积有 50 m^2 左右，虽然这比北美等地矿井中 6~9 m^2 的避难所宽敞得多，但要容纳全部 33 名矿工，拥挤程度可想而知。

此外，井下温度几乎一直维持在 32℃，湿度极高。长期住在避难所中通风很成问题，于是他们搬到了更干燥凉爽的一处隧道作为营地，温度只有 15~18 ℃，而原来的避难所被作为洗浴的地方。地面用太阳能加热的水被送到地下，让矿工用于洗澡。多余的水流到矿井更深处，它们能起到降温和抑尘的作用。

8. 镜头八：深井之下家书抵万金

上午 10 点，工人们能短暂休息，同时享用送下井的水果和谷物奶昔。下午 4 时，第一班工人下班。矿工们最喜欢的休闲活动是掷骰子、玩纸牌和多米诺骨牌，一根连接地面的光缆能让他们观看电影或者足球比赛的录像。

当然在"豪斯医生"和地面医务人员的敦促下，工人们每天都要运动健身。尤其是那些卡车司机，他们体重通常比其他矿工更重，因此，地面有专门的健身培训专家监督他们瘦身，确保救援井打通后，所有人都能挤进去。

矿工几乎每天必做的另一项任务则是给家人写信，他们特别提醒救援人员一定要送笔和纸下来。每天写好的信会在中午之前送到地面。晚上 8 点 10 分，矿井外的家属们则送去回信。有时到半夜 12 点，矿工们还会给亲人们写封信，之后才肯进入梦乡。现年 44 岁的被困矿工埃斯塔万·罗亚与"女友"共同生活了 25 年，育有 3 个孩子，但却从未举行婚礼。他在致"女友"的信中说："祈祷我们活着走出来吧。当我走出矿井的时候，我们一起去买礼服，嫁给我吧！深爱你的埃斯塔万·罗亚。"

日子"有条不紊"地继续着。随着救援搭载舱准备就绪，救援人员开始草拟出井顺序。当矿工们得知将按次序被救出时,许多人都自愿提出最后升井。他们还商定,升井后一起写资料出书,然后共享利益。

参与救援的一位医疗专家感叹道,从被困的第一天开始,这些矿工就做好了等待漫长救援的准备,他们组织严谨,团结合作,"都不需要我们告诉他们该怎么去做"。

2010 年 10 月 13 日,智利 33 名矿工在 700 m 井下被困 69 天后被成功救出。

附录二　Karnofsky(卡氏,KPS,百分法)体力、功能状态评分标准

体　力　状　况	评　分
正常,无症状和体征	100
能进行正常活动,有轻微症状和体征	90
勉强可进行正常活动,有一些症状或体征	80
生活可自理,但不能维持正常生活工作	70
生活能大部分自理,但偶尔需要别人帮助	60
常需人照料	50
生活不能自理,需要特别照顾和帮助	40
生活严重不能自理	30
病重,需要住院和积极的支持治疗	20
重危,临近死亡	10
死亡	0

附录三　体重下降与营养不良

标准值/%	营养状况
>90	无营养不良
80~90	轻度营养不良
60~80	中度营养不良
<60	严重营养不良

参 考 文 献

［1］王明晓，等．煤矿创伤院前急救［M］．北京：煤炭工业出版社，2007.

［2］程爱国，张柳，白俊青，等．实用矿山医疗救护［M］．北京：北京大学出版社，2007.

［3］王明晓．我国煤炭医疗救护体系建设的思考［J］．中国安全生产科学技术，2008（5）.

［4］冯庚．现场急救危重症的正确判断与基本对策［J］．中华全科医师杂志，2004（2）.

［5］黄家生．武警部位自救互救训练问题与对策［J］．解放军医院管理杂志，2011（4）.

［6］白妙春．矿难被久困人员成功获救模式与矿难救援新理念［J］．中国全科医学，2010（32）.

［7］彭迎春．公众急救知识培训的探讨［J］．中国全科医学，2008（18）.

［8］王小林，于海森．煤矿事故救援指南及典型案例分析［M］．北京：煤炭工业出版社，2014.

［9］国家安全生产应急救援指挥中心．矿山工人自救互救［M］．北京：煤炭工业出版社，2012.

［10］国家安全生产应急救援指挥中心．矿山救护队员医学技能［M］．北京：煤炭工业出版社，2012.

［11］国家安全生产应急救援指挥中心．矿山医疗救护［M］．北京：煤炭工业出版社，2009.

［12］王志坚，等．矿山救护队员［M］．北京：煤炭工业出版社，2007.

［13］王佐．煤矿职业病防止培训教材［M］．徐州：中国矿业大学出版社，2012.

［14］国家安全生产监督管理总局　国家煤矿安全监察局．煤矿安全规程［M］．北京：煤炭工业出版社，2016.

［15］国家安全生产监督管理总局．矿山救护规程［M］．北京：煤炭工业出版社，2016.